信息检索的
反馈排序算法

蔡 彪 著

吉林大学出版社
·长春·

图书在版编目（C I P）数据

信息检索的反馈排序算法 / 蔡彪著. -- 长春 : 吉林大学出版社，2022.9

ISBN 978-7-5768-0840-7

Ⅰ. ①信… Ⅱ. ①蔡… Ⅲ. ①信息检索－排序－计算机算法 Ⅳ. ①TP301.6

中国版本图书馆 CIP 数据核字(2022)第 193244 号

书　　名　信息检索的反馈排序算法
　　　　　XINXI JIANSUO DE FANKUI PAIXU SUANFA

作　　者　蔡　彪
策划编辑　黄忠杰
责任编辑　陈　曦
责任校对　田茂生
装帧设计　品诚文化
出版发行　吉林大学出版社
社　　址　长春市人民大街 4059 号
邮政编码　130021
发行电话　0431-89580028/29/21
网　　址　http://www.jlup.com.cn
电子邮箱　jdcbs@jlu.edu.cn
印　　刷　四川科德彩色数码科技有限公司
开　　本　787mm×1092mm 1/16
印　　张　12.5
字　　数　190 千字
版　　次　2022 年 9 月 第 1 版
印　　次　2022 年 9 月 第 1 次
书　　号　ISBN 978-7-5768-0840-7
定　　价　49.00 元

前　言

这是一本介绍信息检索反馈结果排序算法的专著，主要解决传统关键字匹配搜索反馈结果与用户历史行为无关从而导致语义模糊的缺陷。本书内容主要目的是对网络用户搜索的返回结果按照其对用户可的接受程度从大到小进行排序。主要内容包括：构造了一种网络用户、网络内容及双方共同特点的三部图模型来对搜索返回结果的排序；分析了传统二部图排序算法参数线性假设的缺陷，提出了内容返回概率与搜索返回次数独立的结论并证明该结论；探讨了时序衰减对排序的影响并将过时内容尽量排序靠后的方法；设计了基于异质图的排序模型和基于自然语言理解的内容相关性排序等5种方法。本书可以作为搜索排序算法研究人员的参考，也可以作为计算机、人工智能和大数据领域高级年级本科生的参考教程。

作者
2022年8月

目　录

1 推荐系统基础

1.1 推荐系统简介

随着计算机技术的发展，人类社会逐渐进入了大数据时代。近年来，各种网络技术如雨后春笋般涌现，各种互联网应用种类繁多，比如豆瓣、今日头条、淘宝、微博等，然而一些随之而来的问题也不断涌现出来，比如用户在面对大量的信息时如何快速获取到自己所需要的目标信息。

当用户具有明确需求时，搜索引擎是快速找到目标信息的最佳工具。在搜索引擎中，用户可以输入文本快速检索网页获取自己想要的内容。然而用户对心仪的内容不能仅靠搜索引擎获取，一般而言，用户很难用简短的关键词表示自己的需求，互联网应用的设计者需要找到一种新的方式来为不同用户推荐种类不同但更加受到用户喜爱的物品，设计者需要让互联网能够自己识别不同用户的需要，而这种需要在很多时候往往是不同但又类似的。因此，在上述背景下，解决该问题直接有效的方法是针对不同的个体推荐个性化内容。因此，推荐系统也随之应运而生。

一个成功的推荐系统需要建立数据为每一个用户和待推荐的商品建立独有的档案，用户档案中应当包含用户的个人信息（年龄、职业、性别等），而商品档案则需要包含商品的属性（标签、价格、信息等），在此之上还需要构建一份档案用于专门存储用户和商品的交互，例如浏览、点击、购买、评分、评价等，然后在这三类档案的基础上让推荐系统学习用户的偏好分布，来为用户提供针对个体的推荐服务。从本质上说，推荐系统是在用户需求不明确的前提下，从海量信息中快速挖掘到用户偏好信息的技术工具。

推荐系统的本质是信息过滤，相比于传统的搜索引擎而言，具有以下两个显著的特性：

（1）主动性推荐。推荐系统无须额外的用户偏好数据，仅仅从用户购买过的物品集合中挖掘潜在联系并分析用户的兴趣特征，从而主动为用户推荐物品，但在当前的技术条件下，推荐成功率不高。相比而言，搜索引擎是获取信息的主要工具，但是需要用户提供明确的关键词，并检索与关键词最相似的信息列表。这样做的弊端是有时候用户并没有一个明确的搜索目标，此时搜索引擎就无法为用户提供服务。

（2）个性化推荐。其目的是将更加贴近用户偏好的物品推荐给目标用户，而不仅仅只是将一些热门物品无理由、无限制地推荐给用户，相反地，个性化推荐还会在一定程度上“惩罚”热门物品的权重，这样能够让冷门物品也能发挥自己应具有的商品效应，帮助用户们找到理想的商品。

在社会层面上，推荐系统已在各类领域找到了自己的行业定位，例如淘宝等网购平台的物品推荐。同时，随着科技的发展以及越来越多的科研人员投入到推荐领域的研究中来，推荐系统已经发展成了一门独立的学科。据统计，当 Netflix 用户在选择电影观看时，有大约 80%的用户从网站首页的推荐电影中选择电影，而另外 20%的用户也或多或少受到了首页推荐的影响，从而选择和其类似的电影，只有 10%的用户有明确的目标。在 bilibili 网站上首页推荐视频的观看量甚至达到了当日总观看量的 10%，这在每天多达上百万新视频推出的背景下是令人震惊的事实，而这也恰恰反映了推荐系统的意义。

在技术层面上，相关推荐方式的研究也非常有意义。本质上，推荐系统是由很多基础技术支撑的一套计算机系统，比如在信息处理方面，其需要用到自然语言处理相关的技术，比如分词、构建词向量、文本映射技术等等。而在推荐方面，推荐系统已经从原来的基于协同过滤的技术逐步转入以深度学习为内核学习用户特征的方式。通过对神经网络输入大量的用户信息，在不同层面上划分特征，然后基于特定的偏好方式逐步对大量的特征分配权重，最后从大量真实数据集中的表现上看，这种方式的推荐技术在推荐的准确性上已经获得了极大的提高。

1.2 推荐系统常用方法

1.2.1 协同过滤

协同过滤（collaborative filtering，CF）算法出现较早并且其应用范围也较广。据相关报道，亚马逊商城30%左右的销量得益于此算法。它通过研究和分析历史行为数据来预测用户的潜在行为，以此给用户提供了个性化推荐服务。

协同过滤算法主要分为两种：一是基于物品的协同过滤算法（item-based collaborative filtering，ICF）；二是基于用户的协同过滤算法（user-based collaborative filtering，UCF）。这两种方法最大的区别在于相似矩阵的参照对象不一样，前者以物品为中心，首先求得物品之间的相似值，接着结合用户的历史行为和物品间的相似度，找到用户的行为数据集合，通过相似度计算，得到预测结果，最后给用户提供推荐列表。显然，计算物品间的相似度是该算法的重要内容。后者以用户为中心，首先找出和目标用户有相似行为的用户集合，接着通过这些用户的历史行为数据集合得到物品的预测值，进而推荐给目标用户。其核心计算是得到用户的相似性。

协同过滤算法的核心思想比较简单，也容易应用于实际，主要包含以下三个步骤：

（1）收集用户与物品之间的历史交互信息，构造出用户与物品的二部图，以此来描述它们之间的关联程度。

（2）按照相似性计算方式得出相似性矩阵。

（3）根据相似性矩阵，再联合用户物品之间已有的交互信息为目标用户做出推荐。

如图1-1所示，是一个简单的用户-物品二部图。在图中，我们可以一目了然地观察到每一个用户与每一个物品之间的交互信息，这些交互信息可能是用户的购买行为、点击行为或使用行为。如果某一个用户与某一个物品之间存在链接，那么我们就可以认为该用户对该物品感兴趣。

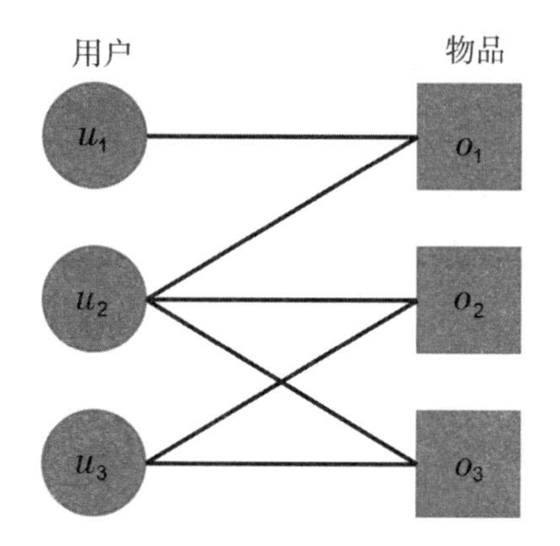

图 1-1　用户-物品二部图示意图

在构造出用户-物品二部图以后，就到了协同过滤中的关键部分。通过不同的计算方法或衡量标准去得出不同主体之间的相似程度，从而构建出用户-用户相似矩阵或者物品-物品相似矩阵。常见的相似性计算方法有如下几种。

余弦相似度是通过计算两个向量 $\boldsymbol{v}_1$ 与 $\boldsymbol{v}_2$ 的夹角的余弦值来衡量的，如公式（1-1）所示。

$$\cos\theta_{\boldsymbol{v}_1\boldsymbol{v}_2}=\frac{\boldsymbol{v}_1\cdot\boldsymbol{v}_2}{\|\boldsymbol{v}_1\|\|\boldsymbol{v}_2\|} \tag{1-1}$$

为了将余弦相似度运用于推荐算法中计算用户或者物品的相似度，我们将余弦相似度进行一定程度的变形：

$$\cos(i,\ j)=\frac{\boldsymbol{N}(i)\cdot\boldsymbol{N}(j)}{\sqrt{|\boldsymbol{N}(i)||\boldsymbol{N}(j)|}} \tag{1-2}$$

其中，i 和 j 分别代表两个不同的物品，$\boldsymbol{N}(i)$ 代表购买物品 i 的用户向量，而 $\boldsymbol{N}(j)$ 则代表购买物品 j 的用户向量；$\boldsymbol{N}(i)\cdot\boldsymbol{N}(j)$ 表示同时购买了物品 i 和 j 的用户量。$|\boldsymbol{N}(i)|$ 与 $|\boldsymbol{N}(j)|$ 代表购买了物品 i 和 j 的总用户数。

Jaccard 相关系数用于比较不同集合间的相似性与差异性。其值越大，越相似，反之则差异性越大。在推荐系统中，Jaccard 相关系数被定义如下：

$$\text{Jaccard}(i,\ j)=\frac{\boldsymbol{N}(i)\cap\boldsymbol{N}(j)}{\boldsymbol{N}(i)\cup\boldsymbol{N}(j)} \tag{1-3}$$

1.2.2 基于内容的推荐算法

基于内容的推荐算法（content-based recommendations，CB）主要是建模商品的内容和相关描述信息（如商品的标题及文字描述）来匹配用户对于商品的喜好程度。例如，用户对于相似描述或者相似图片的商品会展现类似的偏好。很明显，基于内容的推荐系统其性能极大地依赖于对内容的建模好坏。在得到内容的向量表示后，可以通过计算向量相似度等形式来实现用户和物品的相似性搜索，即推荐过程，其过程主要分为以下三个步骤：

第一步，提取物品特征信息。可以根据物品的规格、价格、用途等物品属性的标注来提取特征。在特征描述标注难以获取时还可以过 CNN（卷积神经网络）来建模物品的图片描述，或者通过 NLP（自然语言处理）来建模物品的文字描述。最终得到物品的特征向量 $\boldsymbol{V}_i=[\boldsymbol{V}_{i1}, \boldsymbol{V}_{i2}, \cdots, V_{in}]$。

第二步，提取用户的偏好特征。借助机器学习方法，如最近邻方法、线性分类等，通过提取用户的历史行为数据，可以得到描述用户偏好的特征向量 $\boldsymbol{V}_u=[\boldsymbol{V}_{u1}, \boldsymbol{V}_{u2}, \cdots, \boldsymbol{V}_{um}]$。

第三步，计算相似度，产生推荐列表。根据之前得到的用户偏好特征向量和物品特征向量，计算这两个向量之间的相似度，如余弦相似度。

但是，基于内容的方法有一定的缺陷。第一，在实际的推荐系统中，物品的内容或者是描述可能是有误的和夸大的，这会给后续的内容抽取模型带来巨大的挑战。第二，将图片或者文本映射为一个商品特征本身就是一件很困难的事情，需要有多模态的研究背景。第三，基于内容的方法只能对于有充分描述的商品起作用，对于一些新上架或者描述不够充分的商品，无法对其进行有效推荐。

1.2.3 网络拓扑结构推荐算法

随着网络技术的发展，人们认为利用复杂网络结构中的相互关系可以推动推荐系统的研究。在复杂网络的网络结构中，两个节点可能并没有直接链接，但是可以通过其他节点进行传递，从而找到无直接链接两个节点之间的一条通路，于是研究者们将资源在网络结构中的扩散过程应用于推荐过程中，以此来预测用户对于潜在未知物品的感兴趣程度，这为推荐系统也带了许多新鲜的研究成果。在复杂的网络结构中，其中较为简单的一类就是将用户和物品抽离出来构建一个只有用户和物品的二部图进行推荐，这类基于二部图的推荐优点在于不需要了解用户或者物品的大量信息，且易于用于实际。追根到底，这类二部图的推荐其实也是协同过滤的一种。

在二部图用于推荐的过程中，通常使用了比较简单的输入数据：用户集合 U 、物品集合 O 以及表示它们之间的购买与被购买关系集合 E 。推荐系统就可以描述成一个用户-物品的二部图 $G(U, O, E)$ ，其中 $U=\{u_1, u_2, \cdots, u_m\}$ ，$O=\{o_1, o_2, \cdots, o_n\}$ 和 $E=\{e_1, e_2, \cdots, e_z\}$ 分别代表用户集合、物品集合和边集。为了区分用户和物品，分别用拉丁和希腊字母表示它们。同时，二部图 $G(U, O, E)$ 也很自然地能被一个邻接矩阵 $\mathbf{A}$ 表示，邻接矩阵 $\mathbf{A}$ 的元素用 $a_{i\alpha}$ 表示，若 o_α 被用户 u_i 收集，那么 $a_{i\alpha}=1$ ；否则 $a_{i\alpha}=0$。此外，用户 i 收集的物品的数量和收集了物品 α 的用户数量可以分别由用户的度 k_i 和物品的度 k_α 来表示。推荐算法的研究目的是给目标用户提供一个其可能会感兴趣的物品列表，这个列表中的物品是有序的。对于一个目标用户 i ，由于产生交互的物品过多，推荐算法按要求给用户推荐那些最可能被选择的 L 个物品，此时我们就得到了最终为用户推荐的物品列表，称之为推荐列表 o_i^L 。

在基于二部图的推荐算法中，首先，初始化用户 i 对物品 α 拥有的资源：

$$f_\alpha^{(i)}=a_{i\alpha} \tag{1-4}$$

如果用户 i 已经收集了物品 α ，则 $a_{i\alpha}=1$，否则 $a_{i\alpha}=0$。

那么每个用户的资源重新分配过程可以用一个等式表示：

$$\boldsymbol{f}'^{(i)}=\boldsymbol{W}\boldsymbol{f}^{(i)} \tag{1-5}$$

其中，$\boldsymbol{f}^{(i)}$ 是一个 n 维向量，n 是物品的量级，记录目标用户 i 对物品拥有的初始资源，$\boldsymbol{f}'^{(i)}$ 是通过推荐算法计算得到的最终资源。$\boldsymbol{W}$ 是资源再分配矩阵。最后根据最终资源 $\boldsymbol{f}'^{(i)}$ 对所有物品进行降序排序，然后从中选取那些与用户没有关联的前 L 个物品推荐给目标用户。

概率扩散算法（ProbS）算法。ProbS 算法建立在用户-物品网络的随机游走过程之上[1]。此时的二部图是没有权重的，所以在资源再分配的过程中，从当前节点 α 传播至下一节点的资源量完全取决于当前节点的度 k_{α} 。在第一步时，资源从物品侧到用户侧传播。所以将物品节点 α 的资源量分为 $1/k_{\alpha}$ 份，通过网络均匀地传播至用户侧。在第二步资源传递过程中，用户节点资源量再一次均匀划分，并通过网络由用户侧重新传播至物品侧。通过两步的随机游走，最终在物品侧的物品都将会拥有一个最终资源量。通过物品的最终资源量为目标用户做出推荐（值越大越推荐）。图1-2给出了 ProbS 算法的资源扩散过程。

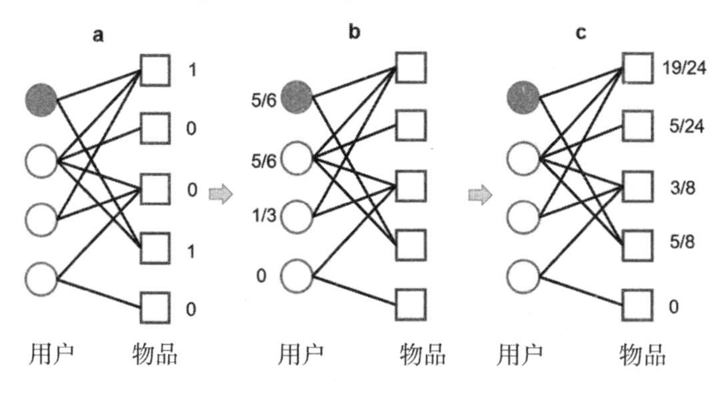

图 1-2　ProbS 算法在用户-物品二部图中资源扩散的一个例子

在图 1-2 中，圆形和方形分别代表用户和项目。黑色标记的圆圈表示正在为其进行推荐的目标用户。

将上述两步随机游走的资源扩散过程用资源再分配矩阵 $\boldsymbol{W}^{\mathrm{P}}$ 来表示：

$$\boldsymbol{W}_{\alpha\beta}^{\mathrm{P}}=\frac{1}{k_{\beta}}\sum_{i=1}^{u}\frac{a_{\alpha i}\,a_{\beta i}}{k_{i}} \tag{1-6}$$

热扩散算法（HeatS）。HeatS 算法是概率扩展算法（ProbS）的一个变体[2]。ProbS 在进行资源传播时，当前节点的资源被均匀划分并传输至二部图的另一侧，HeatS 则是基于一个平分的过程，一个节点的得分是通过其连接的所有节点的得分进行平均得到的[3]。

图 1-3 给出了 HeatS 算法的资源扩散过程。在图 1-3 中，首先，用实心圆表示的特定用户从他的邻近物品接收平均级别的资源。目标用户有两个邻居，第一个邻居和第四个邻居，因此可以得到平均资源 1。然后，这些物品再次从所有邻近用户处获得平均资源。所以 HeatS 算法的资源再分配矩阵 $\boldsymbol{W}^{\mathrm{H}}$ 为

$$\boldsymbol{W}_{\alpha\beta}^{\mathrm{H}}=\frac{1}{k_{\alpha}}\sum_{i=1}^{u}\frac{a_{\alpha i}\,a_{\beta i}}{k_{i}} \tag{1-7}$$

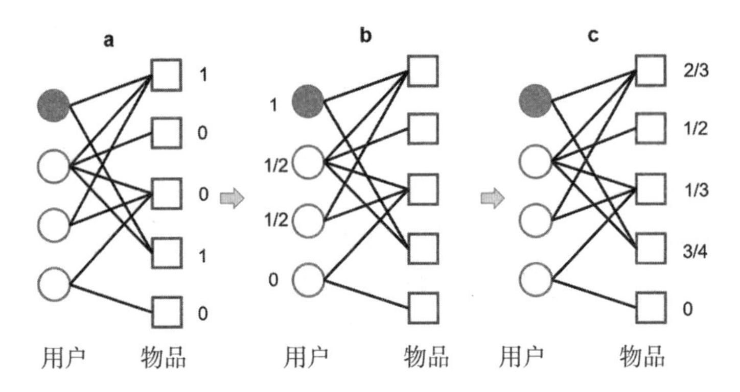

图 1-3　HeatS 算法在用户-物品二部图中资源扩散的一个例子

HeatS 和 ProbS 算法都是基于点的相似性来为用户做出推荐。通过图 1-2或图 1-3 资源在二部图中的传播，我们就可以得到一个物品相似度矩阵 $\boldsymbol{W}$，那么我们就可以采用公式（1-4）对用户所占资源进行初始化，然后根据公式（1-5）重新进行资源分配，当给定资源重新分配以后，按用户对物品最终所占资源量的大小为用户做出推荐。

CosRA 算法。CosRA 算法的核心同样是给出了一种在用户与物品构建的二部图中计算相似性指标的计算方法[4]。在推荐系统中，用户可以视为一个节点，而那些被用户所选择过的物品就可以构成用户节点的向量 α_i，然后再用余弦相似度来衡量两个用户节点之间的相似程度。定义如下：

$$S_{\alpha\beta}^{\mathrm{Cos}}=\frac{1}{\sqrt{k_\alpha k_\beta}}\sum_{i=1}^{u} a_{\alpha i} a_{\beta i} \tag{1-8}$$

其中，k_α 和 k_β 分别表示物品 α 和物品 β 的度，而 $a_{\alpha i}$ 和 $a_{\beta i}$ 分别表示用户 i 是否选择过物品 α 和 β 。

RA 相似性指标是在网络拓扑结构中，通过资源分配的过程来衡量两个节点之间的相似程度。定义如下：

$$S_{\alpha\beta}^{\mathrm{RA}}=\sum_{i=1}^{u}\frac{a_{\alpha i} a_{\beta i}}{k_i} \tag{1-9}$$

其中，k_i 表示用户 i 的度，$a_{\alpha i}$ 和 $a_{\beta i}$ 分别表示用户 i 是否选择过物品 α 和 β 。

CosRA 是将推荐系统中常用的余弦相似性指标与 RA 相似性指标进行了整合。所以 CosRA 相似指数定义如下：

$$S_{\alpha\beta}^{\mathrm{CosRA}}=\frac{1}{\sqrt{k_\alpha k_\beta}}\sum_{i=1}^{u}\frac{a_{\alpha i} a_{\beta i}}{k_i} \tag{1-10}$$

其中，k_i 表示用户 i 的度，k_α 和 k_β 表示物品 α 和物品 β 的度，$a_{\alpha i}$ 表示用户 i

是否选择过物品α 和β 。

在 CosRA 相似性指数中，首先，利用了在网络结构中的大度节点来扩大范围和对小度节点进行加大权重来提升小度物品被推荐的概率。CosRA 算法在准确性、多样性和新颖性方面都比传统的基准算法好很多，特别是准确性有了极大的提升。图 1-4 给出了 CosRA 算法在用户-物品二部图中的资源再分配过程。

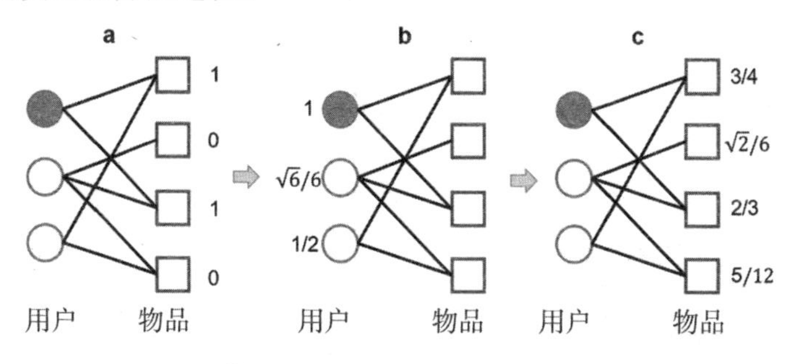

图 1-4　CosRA **算法在用户-物品二部图中资源扩散的一个例子**

基于网络拓扑结构基础抽象出用户-物品二部图的推荐算法，其核心在于不同的资源再分配过程，例如为物品赋予不同的权重。基于网络拓扑结构的推荐算法在算法性能上基本都优于传统的协同过滤算法，在 HeatS 算法、ProbS 算法和 CosRA 算法的基础之上还衍生出了许多性能更加优秀的算法，如有物质扩散算法（PBMD）和热传导算法[5]、CosRA＋T 算法[6]等。

1.3　推荐系统常用数据集与评价指标

1.3.1　常用数据集

在推荐系统的发展过程中，不同领域的研究学者都做出了贡献。同时，许多企业也为推荐系统的研究学者提供了许多的数据集，从而进一步地推动了推荐系统的发展。常用的公开数据集包括 MovieLens、Netflix、E-commerce、Yelp、Amazon、Last-FM。

其中 MovieLens 作为推荐算法的经典数据集，是 MovieLens 网站收集的用户对多部电影的评价数据，包括较大数据集 MovieLens-1M 和较小数据集 MovieLens-100k。Netflix 数据同样来自电影网站，其包含了 1999 年 12 月到 2005 年 12 月期间 480 多万个匿名用户对 17 770 多部电影的评价。E-commerce 是一个跨国零售数据集，包含了从 2010 年 1 月 12 日至 2011 年 9 月 12 日之间的所有交易数据。Yelp 是美国最大的点评网站 Yelp 的公开数据集，记录了用户对商家的评分、用户的社交关系以及商家的基本信息，商家信息中包含地理位置、服务类别、商家等级等信息。Amazon 是美国电子商务平台亚马逊的公开数据集，包含用户、商品、品牌信息。Last-FM 是从 Last. fm 在线音乐系统收集的音乐收听数据集。

1.3.2 评价指标

从推荐系统诞生以来，对推荐系统的评估一直是一个重要环节，推荐系统的性能直接体现在评估指标上。常见的用于评价推荐系统性能的指标包括准确性指标（AUC、Precision、Recall），多样性指标（Hamming、Intra-similarity），新颖性指标（Novelty），归一化折损累计增益（Normalized Discounted Cumulative Gain，NDCG）。

准确性是评估推荐算法质量最重要的指标之一。我们首先介绍 AUC (ROC 曲线下的面积[7]。给定测试集中的物品推荐指数，为了计算 AUC，每次选择一对已推荐和未推荐的物品以比较它们的推荐值。经过 N 次独立比较后，如果推荐物品中有 N_1 次具有更高推荐值，而 N_2 次其推荐值相同，则所有用户的 AUC 平均值定义为[8]

$$\mathrm{AUC}=\frac{1}{m}\sum_{i=1}^{m}\frac{(N_1+0.5N_2)}{N} \tag{1-11}$$

其中，m 代表用户个数，较大的 AUC 值意味着较高的算法准确性。然后，我们介绍两个与 L（推荐给用户的物品总数）相关的精度指标，即 Precision 和 Recall。准确率被定义为测试集中出现的推荐物品数与推荐物品总数之比。在数学上，对于所有用户，Precision 的平均值定义为

$$P(L)=\frac{1}{m}\sum_{i=1}^{m}\frac{d_i(L)}{L} \tag{1-12}$$

其中，$d_i(L)$ 是推荐给用户的物品与测试集中与用户交互物品的交集。L 是推荐给用户的物品的总数。召回率被定义为用户推荐列表中出现的推荐物

品数量与测试集中用户所有有过交互的物品数量的比值。在数学上，对于所有用户，Recall 的平均值定义为[9]

$$R(L)=\frac{1}{m}\sum_{i=1}^{m}\frac{d_i(L)}{D(i)} \tag{1-13}$$

其中，$D(i)$ 是测试集合中物品的数量，更高的召回率意味着更高的精度。多样性是评估由个性化推荐算法推荐的物品种类的重要指标。为了量化物品相似性，我们使用汉明距离。所有用户的汉明距离[10]平均值的定义为

$$H(L)=\frac{1}{m(m-1)}\sum_{i=1}^{m}\sum_{j=1}^{m}\left(1-\frac{c(i,\ j)}{L}\right) \tag{1-14}$$

其中，$C(i,\ j)=|\ o_i^L \cap o_j^L\ |$ 是用户 i 和 j 的推荐列表中相同物品的数量。该值越大，则说明推荐结果越多样。

另一个多样性指标是内相似性[11]，它是指目标用户的推荐列表中出现对象之间的相似性。数学上，对于所有用户，内部相似性被定义为

$$I(L)=\frac{1}{mL(L-1)}\sum_{i=1}^{m}\sum_{o_\alpha,\ o_\beta \in o_i^L,\ \alpha \neq \beta} S_{\alpha\beta}^{\mathrm{Cos}} \tag{1-15}$$

其中，$S_{\alpha\beta}^{\mathrm{Cos}}$ 是用户 i 的推荐列表 o_i^L 中对象 α 和 β 之间的余弦相似性[12]，内相似性越小意味着多样性越高。

新颖性[13]旨在量化算法推荐新颖（即不热门）物品的能力。在这里，我们使用推荐对象的平均人气来量化新颖性，其定义为

$$N(L)=\frac{1}{mL}\sum_{i=1}^{m}\sum_{o_\alpha \in o_i^L} K_{o_\alpha} \tag{1-16}$$

其中，K_{o_α} 是用户 i 的推荐列表 o_i^L 中物品 α 的度。较低的 N 值表示较高的新颖性。

归一化折损累计增益是推荐系统中常用的排序指标，其含义为用户喜欢的商品在推荐列表中的位置越靠前越好。在推荐系统中，累计增益（cummulative gain，CG）将每个推荐结果的相关性分值累计后作为推荐列表的得分。计算公式如下：

$$\mathrm{CG@}N=\sum_{i=1}^{N}\mathrm{rel}_i \tag{1-17}$$

其中，rel_i 表示推荐列表中位于第 i 个位置的推荐结果的相关性。累计增益没有体现出每个推荐结果处于不同位置时对于推荐效果的影响。由于用户倾向于关注推荐列表中靠前的商品，如果相关性较低的商品在推荐列表中

排在靠前的位置，会降低用户体验。因此在 CG 的基础上加入位置影响因子，即折扣累计增益（discounted cumulative gain，DCG）。计算公式如下：

$$\mathrm{DCG}@N=\sum_{i=1}^{N}\frac{2^{\mathrm{rel}_i}-1}{\log_2(i+1)} \tag{1-18}$$

折扣累计增益依然有不足之处，对于不同的用户产生的推荐列表，很难横向评估性能差异，因此对其进行归一化处理，得到归一化折损累计增益（normalized discounted cumulative gain，NDCG），其计算公式如下：

$$\mathrm{NDCG}@N=\frac{\mathrm{DCG}@N}{\mathrm{IDCG}@N} \tag{1-19}$$

其中，IDCG 表示理想情况下的 DCG。

1.4　推荐系统面临的挑战

推荐算法主要面临数据稀疏问题（sparsity problem）、冷启动问题（cold start problem）、马太效应问题（matthew effect problem）以及准确性和新颖性的平衡问题等。

1. 数据稀疏问题

数据稀疏问题在一定程度上影响了个性化推荐的质量。随着网络数据规模的增大，用户与物品之间产生关联的数量和速度远不及新用户和新物品的增长量和增长速度。例如，微博社交平台每天的活跃用户高达几亿，大多数用户的关注度有限，无法与其他活跃的用户产生大量的联系；淘宝购物网站上有上亿个商品，而用户每天浏览和购买的数量远远小于系统中的物品数量。从整体来看，用户和物品之间产生的联系非常稀疏，推荐算法的性能会受到极大的影响[14]：在构建用户评分矩阵的过程中，难以收集到用户对物品的评价；在计算商品间的相似性时，相似性矩阵庞大而填充的数值却十分稀疏[15]，计算的结果可能无法为目标用户提供任何有用的物品推荐。为了缓解数据稀疏的影响，许多学者也提出诸多解决方案[16]，如利用评分信息以外的各种辅助信息填充评分矩阵、分解稀疏矩阵；将物品和用户聚类减少矩阵的稀疏度；此外，还有扩散算法、云模型方法和数据降维方法[17]等。

2. 冷启动问题

冷启动问题也是个性化推荐系统常见的主要问题之一，指的是新用户或新物品在刚进入系统后，缺乏历史记录，难以预测用户的偏好或物品的分类。冷启动问题根据用户、物品和系统分别对应用户冷启动、物品冷启动和系统冷启动。当算法缺少新用户的历史记录时，就无法计算出用户的偏好，也就无从生成个性化推荐列表；对于新物品而言，只有物品的属性信息，没有任何被用户点击、购买、评论的数据，难以将其推荐给适合的用户；对于新系统而言，缺乏用户和用户行为，只有部分物品信息。为了解决这些问题，通常在注册时让用户填写一些基本信息或选择感兴趣的标签。针对冷启动问题已经提出多方面的解决方法[18]，如随机推荐算法、信息熵法和相似度度量等。

3. 马太效应问题

马太效应指的是一种两极分化现象，在推荐算法中指较为热门的物品被推荐的次数多，而较冷门的物品被推荐的次数少，导致长尾物品被过早地从推荐列表中移除。例如，销量高的商品被电商网站放在首页的概率更大；一些视频软件根据用户的浏览记录，推送大量高度相似的视频。这种两极分化的现象容易导致“营销近视症”的出现，即过分关注热门或短期内流行的物品，忽略一些仍有市场价值的长尾物品。

4. 准确性和多样性的平衡问题

准确性和多样性是评价推荐效果的标准。准确性指的用户喜欢的物品在推荐列表中占总物品个数的比例；多样性指的是推荐列表中物品种类的多少，多样性越高说明推荐物品涵盖的物品种类越广，能够有效避免“信息茧房”现象的出现。此外，准确性和多样性还是一个关于平衡的问题，较高的准确性往往会降低多样性，较高的多样性也会在一定程度上降低推荐的准确性。常见的一个现象是算法过多关注准确性，过度为用户推荐类似的内容，会引起用户的反感；而过多关注多样性，会导致用户无法快速获取感兴趣的内容，对系统的体验感不佳。在众多推荐算法中，有的算法偏向于多样性而有的算法偏向于准确性，如何同时提升多样性和准确性也是研究热点之一。

2 基于双重自适应机制的异质信息网络推荐算法

2.1 网络表示学习

现实世界中的信息，例如在电子商务场景中商品的点击购买记录、用户的社交关系、商品的品牌和品类信息等可以用网络结构表示。但这些网络结构往往规模巨大且稀疏，这些数据难以直接利用到实际的推荐系统中，利用网络表示学习可以提取网络的特征信息。网络表示学习（network representation learning），也可以称为网络嵌入（network embedding），或者是图嵌入（graph embedding）。网络表示学习可以抽取网络的结构信息，将网络中的节点、边或者子结构表示成向量形式，得到的向量表示在向量空间中具有表示能力以及推理能力。同时，得到的表示向量具有低维、实值、稠密的特点，非常适合作为机器学习模型的输入，通过与特定的机器学习模型的结合，网络表示学习可以广泛地应用到网络分析的常见的应用中，如节点聚类、节点分类任务、链路预测等。网络表示学习还可以作为系统的一个组件应用到推荐系统、反欺诈系统等其他复杂系统中。图 2-1 为网络表示学习示意图。

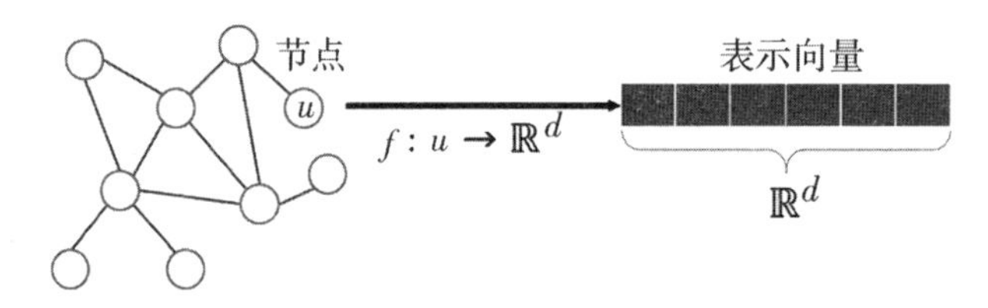

图 2-1　网络表示学习

网络表示学习具有以下几个特征：

适应性：真实的网络结构不断发展，网络表示学习能够适应不同的网络结构，重复学习过程。

可扩展性：真实的网络数据通常规模巨大，网络表示学习能够很容易地并行计算，从而在较短时间内处理大规模网络。

低维：网络表示学习能够将稀疏的网络转化为低维向量，低维模型能更好地推广，更快地收敛。

网络感知：网络表示学习得到的潜在表示之间的距离能够用于网络节点成员之间的相似度度量。

连续：网络表示学习可以抽取连续空间中的网络节点信息，并在连续的低维空间中表示。

网络表示学习主要可以分为浅层神经网络模型以及深度神经网络模型。

2.1.1 浅层神经网络模型

最早的网络表示学习方法是 2014 年诞生的基于随机游走的 DeepWalk 模型，它的主要思想是在网络结构上进行随机游走采样，生成大量的节点序列，然后将这些序列作输入到 Skip-Gram 模型中进行训练，得到最终的节点表示。图 2-2 展示了 DeepWalk 算法的主要步骤。

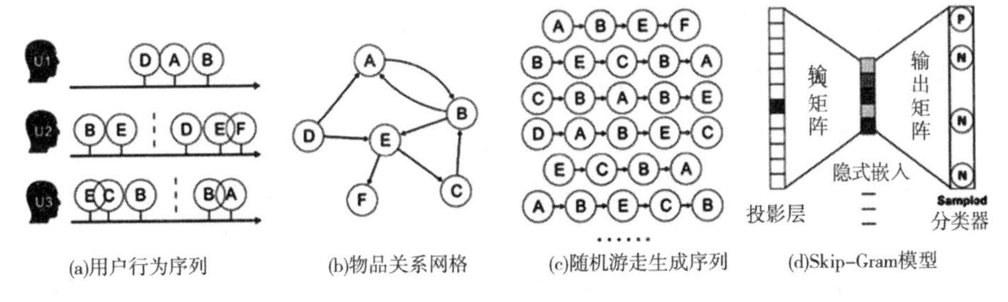

(a)用户行为序列　(b)物品关系网格　(c)随机游走生成序列　(d)Skip-Gram模型

图 2-2　DeepWalk **算法的主要流程**

DeepWalk 算法的主要流程分为四个步骤：

第一步，首先根据用户购买商品的行为数据和购买时间的先后，生成用户的行为序列，如图 2-2 中（a）部分所示。

第二步，基于用户的行为序列构建网络结构。商品作为网络中的节点，用户 U1 先购买了商品 A，后购买了商品 B，则在网络上添加一条 A 到 B 的有向边。其他用户有相同行为时，在同样的边上加强权重。将所有的用户行为序列转化为网络结构之后，形成了最终的物品关系网络，如图

2-2 中（b）部分所示。

第三步，在网络结构上随机选择初始节点并利用随机游走采样获得大量的商品序列，如图 2-2 中（c）部分所示。

第四步，将商品序列输入 Skip-Gram 模型中，得到最终的物品表示向量，如图 2-2 中（d）部分所示。

其中第三步的随机游走是 DeepWalk 算法的核心步骤。基于物品的带权网络，到达节点 v_i 后，下一步跳转到邻居节点 v_j 的概率，即随机游走的跳转概率可以形式化地定义为公式（2-1）：

$$P(v_j \mid v_i)=\begin{cases}\dfrac{m_{ij}}{\sum\limits_{j\in N(i)} m_{ij}}, & v_j \in N_i \\ 0, & v_j \notin N_i\end{cases} \tag{2-1}$$

其中，N_i 是节点 v_i 所有邻居节点的集合；m_{ij} 是节点 v_i 到节点 v_j 的连边的权重。

2.1.2 深度神经网络模型

相对于图像数据和文本数据，信息网络是一种更为复杂的拓扑结构，包含任意的节点数以及节点之间的复杂关系。由于这种复杂性，直接利用信息网络比较困难，可以利用深度学习来解决。通过深度学习可以获取网络的特征，随着深度神经网络层数的增加，特征越来越抽象，最终得到低维稠密的特征向量。

GCN 通过对图上节点邻居的表示进行平均，捕获了图上的邻接信息，进而实现了高效的节点表示。首先，可以用 $G=(V, E)$ 来表示信息网络，其中 V 是网络中节点的集合，E 是连边的集合。网络中节点的数量记为 N 。邻接矩阵 $\boldsymbol{A}$ 用来表示节点之间的连接关系，在简单的无权网络中可以表示为 0-1 矩阵，在无向网络中邻接矩阵是对称的，而在有向网络中邻接矩阵不对称。度矩阵 $\boldsymbol{D}$ 用于表示网络中每个节点中与其连接的节点数量，是一个对角矩阵。特征矩阵 $\boldsymbol{X}$ 用于表示节点的特征，F 是特征的维度。例如，通过深度学习得到了一个节点的特征向量，这个向量融合了网络中其他节点的特征，就可以利用这个特征向量进行下游任务。学习过程可以用如下公式表示：

$$\boldsymbol{H}^{k+1}=f(\boldsymbol{H}^{k}, \boldsymbol{A}) \tag{2-2}$$

其中，k 表示神经网络层数，$\boldsymbol{H}^k$ 表示第 k 层神经网络的特征，$\boldsymbol{H}^{(0)}=\boldsymbol{X}$。

在卷积神经网络中，每一个新特征的学习是对其邻域进行特征变换然后求和。类比到网络表示学习中，每个节点的新特征可以类似得到：对于节点的邻居节点进行特征变换然后求和，可以用如下公式表达：

$$\boldsymbol{H}^{k+1}=f(\boldsymbol{H}^k,\ \boldsymbol{A})=\sigma(\boldsymbol{A}\boldsymbol{H}^k\boldsymbol{W}^k) \tag{2-3}$$

这里 $\boldsymbol{W}^{(k)}$ 是学习权重，σ 是激活函数，如 ReLu。上述公式实质是对邻居节点的特征求和，其中：

$$(\boldsymbol{A}\boldsymbol{H})_i=\boldsymbol{A}_i\boldsymbol{H}=\sum_j A_{ij}H_j \tag{2-4}$$

对于无权网络，邻接矩阵 $\boldsymbol{A}$ 是 0-1 矩阵，当节点 i 与 j 之间存在连接时，$A_{ij}=1$，节点的新特征就是其邻居节点的特征和。

其过程可以分为三个主要部分。特征变换：对当前节点特征进行变换学习。特征聚合：聚合邻居节点的特征，得到该节点的新特征。激活：使用激活函数，增加非线性。其中的权重是所有节点共享的，类似于卷积神经网络中的权值共享。1 层神经网络可以聚合一阶邻居节点的信息，随着神经网络层数的增加，可以学习到高阶邻居节点的信息。

上述规则是一个简单的加法规则，在其中没有考虑节点本身的特征。可以通过改变邻接矩阵，为节点增加自连接来避免这个问题。

$$\widehat{\boldsymbol{A}}=\boldsymbol{A}+\boldsymbol{I} \tag{2-5}$$

另外加法规则没有对度大的节点进行限制，导致度大的节点特征愈来愈大，这将会导致梯度爆炸。使用对称归一化来聚合邻居节点信息可以解决这个问题，公式如下所示：

$$\boldsymbol{H}^{k+1}=f(\boldsymbol{H}^k,\ \boldsymbol{A})=\sigma(\widehat{\boldsymbol{D}}^{-0.5}\widehat{\boldsymbol{A}}\widehat{\boldsymbol{D}}^{-0.5}\boldsymbol{H}^k\boldsymbol{W}^k) \tag{2-6}$$

其中，

$$(\widehat{\boldsymbol{D}}^{-0.5}\widehat{\boldsymbol{A}}\widehat{\boldsymbol{D}}^{-0.5})_i=\sum_j\frac{1}{\sqrt{\widehat{D}_{ii}\widehat{D}_{jj}}}\widehat{A}_{ij}H_j \tag{2-7}$$

通过这种方式的聚合，度大节点的影响受到了限制，当邻居节点度较大时，特征会受到抑制。

2.2 异质信息网络

利用异质信息网络建模可以更好地融合网络中各类信息，但同时也带来了新的挑战。由于异质信息网络中存在多种类型的节点和边，传统的数据挖掘方法如计算余弦相似性、计算欧几里得距离等，不能有效地应用于异质信息网络。元路径是针对特定对象的链接序列，可以有效地捕捉网络中的语义信息，因此成了异质信息网络分析中的基础方法。

元路径通过不同类型的边来连接网络中的两类对象，在这些路径中包含不同的语义信息。例如在电影推荐的场景中，用户—电影—用户（UMU）这条元路径指用户对同一部电影的评分，包含了共同评分关系。同样地，用户—电影—导演—电影—用户（UMDMU）这条元路径中包含了用户对于某个导演作品的满意程度。用户—用户（UU）这条元路径则表示用户之间的社交关系。元路径本质上是将异质信息网络分解为一些子结构，并且体现了这些子结构包含的语义信息。

2.2.1 异质信息网络中的相似度计算

许多的数据挖掘任务都需要进行相似性度量，例如分类、聚类、链路预测、搜索以及推荐等。PageRank[19]、SimRank[20]等传统的相似性计算方法都是基于同质信息网络。异质信息网络中的相似性计算不仅需要考虑节点间网络结构的不同，还需要考虑节点类型的不同以及链接类型的不同。针对两个特定的节点，它们在不同的元路径下相似度不同，表达的语义信息不同。基于元路径的相似度计算方法中最早的方法是元路径相似度PathSim[21]，它可以计算两个相同类型的节点在对称元路径上的相似度，计算公式如下：

$$\text{PathSim}(x,y)=\frac{2\times|\{p_{x\to y}:p_{x\to y}\in P\}|}{|\{p_{x\to x}:p_{x\to x}\in P\}|+|\{p_{y\to y}:p_{y\to y}\in P\}|} \tag{2-8}$$

其中，P 是对称的往返元路径，$p_{x\to y}$ 是 x 到 y 之间的路径实例的数量，$p_{x\to x}$ 是能够返回 x 节点自身的路径实例数量，$p_{y\to y}$ 是能够返回 y 节点自身的路径实例数量。

在此基础上，有学者提出了 Pathsimext[22]，融合节点的属性信息和动态的时序信息。PCRW[23]是一种在信息检索场景中衡量文献相似性的方法。以上方法只能计算相同类型节点间的相似度，为了突破这种限制，Shi等[24]提出 HeteSim 方法，用于计算任意类型的对象之间的相似度。LSH-HeteSim[25]是 HeteSim 在生物信息领域的改进模型，用于挖掘药物和靶点之间的相关性。赵传等[26]在均方差相似度公式中加入非对称系数，用以解决非对称元路径中的相似度计算问题。

基于元路径的相似度计算方法仍有缺陷，针对这些缺陷也有相关的研究和改进，主要有以下几个方面：

（1）元路径在计算距离较远的节点相似性时效果较差。因此，Wang等[27]提出一种近邻嵌入模型，结合网络结构计算距离较远的节点间相似性。为了抽取两个距离较远的节点间的语义信息，Liu 等[28]提出了一种远程元路径相似度计算方法。

（2）元路径需要人工选择，往往需要依赖相关领域内的专家。Wang等[29]基于元路径集合度衡量相似性，提出了一种无监督的元路径选择方法。Yang 等[30]利用强化学习构建一种半监督的模型，寻找节点间有用的元路径。

（3）元路径无法捕获较为复杂的语义信息。因此 Fang 等[31]提出了基于元结构（元图）的异质信息网络相似度计算方法。IPE 模型[25]提出交互路径的概念，引入路径间的交互来建模路径的依赖性。

2.2.2 异质信息网络中的表示学习

异质信息网络表示学习[32]是网络表示学习的进一步泛化，旨在将异质结构和丰富语义注入节点表示中去。目前，异质信息网络的表示学习的概念已经得到了一定程度的泛化，无论是节点表示学习、边表示学习，还是整张网络的表示学习均属于其范畴。根据表示学习的学习范式不同，可以将异质信息网络表示学习算法分为以下几类：

第一类，基于随机游走的异质信息网络表示学习算法。

随机游走作为一种广泛使用的拓扑结构分析方法，在网络表示学习中，随机游走应用于采样邻居节点的信息。在同质信息网络中，只存在单一类型的节点和边，因此，在同质信息网络中随机游走时可以朝任意边游走。而在异质信息网络中，存在多种类型的节点和边，随机游走时必须要考虑节点和边的类型约束，否则会丢失异质信息网络中包含的语义信息。在异质信息网络中随机游走，通常采用基于元路径的随机游走方式，图 2-3 展示了在电影推荐场景中根据三条预先定义好的元路径 UMU、UMDMU、MDM 分别随机游走得到的节点序列。

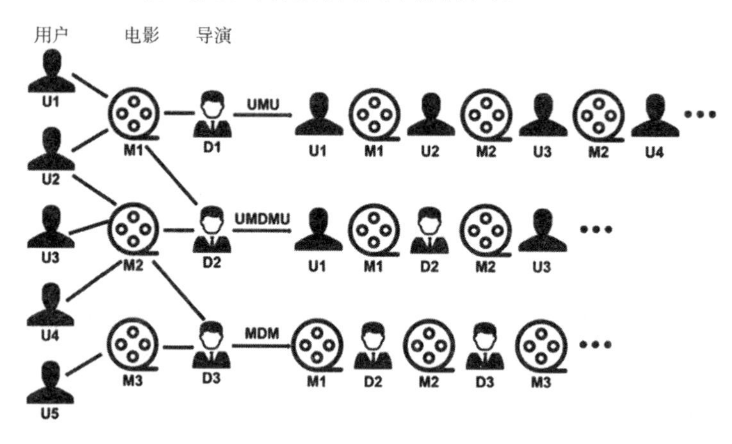

图 2-3　基于元路径的随机游走

metapath2vec[33]首先提出了在异质信息网络中基于元路径随机游走的表示学习方法，并且说明了网络结构的异质性对于网络表示学习带来的挑战。metapath2vec 主要改进了 DeepWalk 中的转移概率。metapath2vec 定义了异质信息网络中随机游走的转移概率，如果两个点之前存在边相连并且下一个节点属于预先定义好的元路径下一个节点类型，则转移概率与公式（2-1）中同质信息网络的转移概率相同。如果两个节点之间存在边相连，但是下一个节点不属于预先定义好的元路径下一个节点类型，则转移概率为 0。如果两个点之前不存在边相连，则转移概率为 0。

HIN2Vec[34]是一种针对异质信息网络的表示学习框架，不但能够学习节点的表示，还能够学习关系的表示。HIN2Vec 包含两个部分：首先是基于随机游走的数据采样部分，基于负采样和随机游走生成数据，不同于基于元路径的游走方式，HIN2Vec 采用完全随机游走的方式产生节点序列。其次是表示学习部分，设计逻辑二分类器预测给定的两个节点之间是否存在特定关系。相较于 metapath2vec 而言，HIN2Vec 模型能够保留更多的语义信息，能够区分节点之间的不同关系并通过关系向量赋予不同的权重。

第二类，基于分解的异质信息网络表示学习算法。

异质信息网络相较于同质信息网络而言，含有更加复杂的结构，基于分解的异质信息网络表示学习算法采用“分而治之”的思想来缓解这种复杂性，将异质信息网络划分为几个相对简单的子网络，然后分别对其进行网络表示学习，最后将得到的信息进行融合得到节点的最终表示向量。

HERec[35]通过元路径将异质信息网络分解为多个同质信息网络，随后利用网络表示学习抽取其中的信息并进行融合。HERec使用基于元路径的随机游走策略来采样节点序列，并对得到的节点序列进行筛选，对于从一个节点出发的节点序列，通过将序列中与出发节点类型不一致的节点去掉，使得整个序列的节点类型都相同，得到同构节点序列。通过这种方式既保留了异质信息网络中的节点关联信息，同时也将网络分解为多个同质的子网络。随后对这些子网络分别进行网络表示学习，得到节点的多个表示。最后将节点的多个表示进行非线性融合，得到最终的表示向量用于后续任务。

第三类，基于深度学习的异质信息网络表示学习算法。

除了基于随机游走的浅层异质信息网络表示学习模型之外，最近一些研究者开始探索基于深度学习技术的异质信息网络表示学习算法。受益于深度学习强大的多层非线性表示能力，异质信息网络上的复杂结构和丰富语义得到了很好的保持。基于深度学习技术的异质信息网络表示学习算法可以分为以下两类：

（1）基于传统神经网络的异质信息网络表示学习。利用自编码器可以通过多层非线性映射来学习节点的表示。BL-MNE[36]引入多重排序的归属异质信息网络来建模社交网络，对于不同元路径下的信息分别使用深度自编码器进行编码，最后将得到的信息进行联合编码生成用户的最终表示向量。SHINE[37]对社交网络、情感网络以及画像网络，利用自编码器分别抽取其中的异质信息得到多个特征表示，最后构建聚合函数来融合这些表示，得到的最终表示用以解决异质信息网络中的情感链路预测问题。为解决部分异质信息网络中存在文本和图像并存的问题，HINE[38]利用CNN抽取其中的图像数据，利用NLP抽取文本数据，随后使用转移矩阵将这些不同类型的数据投影到同一向量空间。上述方法均采用深度模型来学习节点的向量表示。相对于浅层模型，深度模型可以更好地对非线性关系进行建模，能够抽取节点所蕴含的复杂语义信息。

（2）基于图神经网络的异质信息网络表示学习。HAN[39]模型设计了一种基于层次注意力的邻居聚合模式，首先基于节点级别注意力机制聚合邻居信息，然后利用语义级别注意力机制聚合元路径信息，从而同时考虑基于元路径的邻居之间和元路径之间的重要性。HetGNN[40]与HAN相似，其设计了LSTM（长短记忆神经网络）聚合器来融合节点的丰富属性信息与多样邻居信息，并通过无监督的链路预测损失来优化模型。

2.3 基于异质信息网络的推荐算法

基于异质信息网络的推荐算法，主要包含3大步骤：①利用异质信息网络建模推荐场景中的信息。②利用元路径分别抽取异质信息网络中的多种信息。③构造融合函数对不同元路径中抽取到的信息赋予权重并进行融合。

第一步，推荐场景建模。以商品推荐场景为例，除了用户和商品之间的直接购买记录，推荐场景中还有大量的辅助信息，融合这些辅助信息可以有效地提升推荐系统的性能，利用异质信息网络可以很方便地建模这些信息。用户、商品、品牌等实体可以用异质信息网络中的不同类别节点来表示，它们之间的交互信息如社交关系，购买等可以用异质信息网络中不同类型的边来表示。此外，两类节点之间也包含多种类型的边，例如用户和商品之间可以存在浏览、收藏、购买等多种关系。

第二步，信息抽取。通常使用元路径抽取异质信息网络中的信息，第一种方式是使用元路径相似度计算全部节点间相似度，得到相似度矩阵，类似协同过滤推荐算法。如SemRec[41]使用加权元路径计算相似度。第二种方式是使用基于元路径的网络表示学习来抽取信息，如上一小节中的metapath2vec。也有研究尝试元路径以外的其他方式进行信息抽取，如NSHE[42]利用网络模式来学习异质信息网络中的节点表示。

第三步，融合信息生成推荐结果。可以简单地将不同元路径中抽取到的信息赋予不同的权重进行融合，然而这种方式中元路径的权重对于所有用户都是相同的，没有考虑到不同的用户对于不同元路径中抽取到的信息存在偏好差异，例如某些用户更容易受到社交关系的影响，而另外的用户可能更加注重商品的品牌影响力。HeteRec[43]通过计算用户之间的距离将用户划分为不同的兴趣小组，为单个小组给予不同元路径的权重，用户可以同时从属于多个兴趣小组。将用户在多个兴趣小组中对各个元路径的权重向量进行加权融合，得到用户对于各个元路径的偏好程度。HERec[44]分别为每位用户学习个性化的元路径权重，用以融合不同元路径下的表示向量。

2.4 双重自适应异质信息网络推荐模型

电子商务的蓬勃发展催生了多样化的推荐系统。在现实推荐系统中，各种类型的节点（如用户、商品和商家）之间存在着丰富而复杂的交互关系（如购买、收藏和社交），这实际是一种异质信息网络。如何精准地学习节点的表示和建模用户-商品交互是个性化推荐系统的两大核心。充分挖掘节点的多种高阶邻居并进行信息融合可以强化节点的表示，建模特定用户-商品交互背后的多样化原因可以进一步提升推荐结果的准确性和可解释性。而现有推荐算法的建模相对静态，没有充分考虑不同阶数或者不同关系下的节点表示在特定用户-商品交互建模中的贡献，这会导致次优的推荐结果。针对上述问题，本章提出了一种双重自适应异质信息网络推荐模型DAHG，利用异质信息网络，聚合多样邻居节点信息来学习多样的节点表示。加入高阶自适应机制，自动学习节点不同阶数表示的重要性并进行加权融合。加入交互自适应机制，自动学习节点多个表示在特定交互行为中的贡献并对其进行加权融合。

2.4.1 模型总体思想

一个简单的异质信息网络如图 2-4 所示。其中包含了用户、商品、品牌三个不同类型的节点以及它们之间的关系。

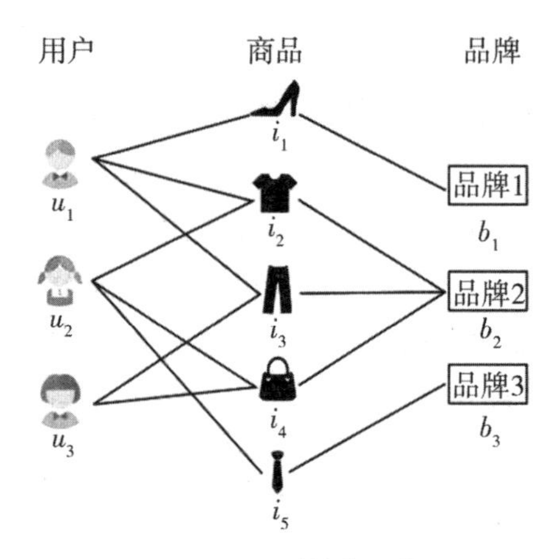

图 2-4　异质信息网络

在上述的异质信息网络中，针对用户 u 选取不同的元路径，可以得到不同的高阶连通。图 2-5 展示了用户 u_1 分别选择元路径 UI（用户-商品）以及元路径 UIB（用户—商品—品牌）所得到的高阶连接。

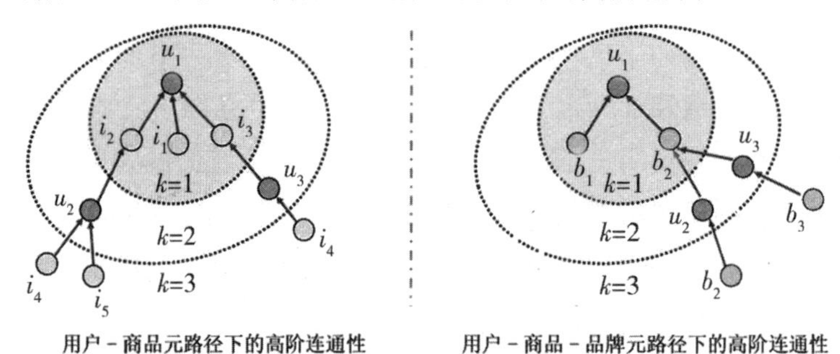

图 2-5　用户在不同元路径下的高阶连接

本书设计的 DAHG 模型（架构图如图 2-6 所示）学习节点表示并且应用于推荐。

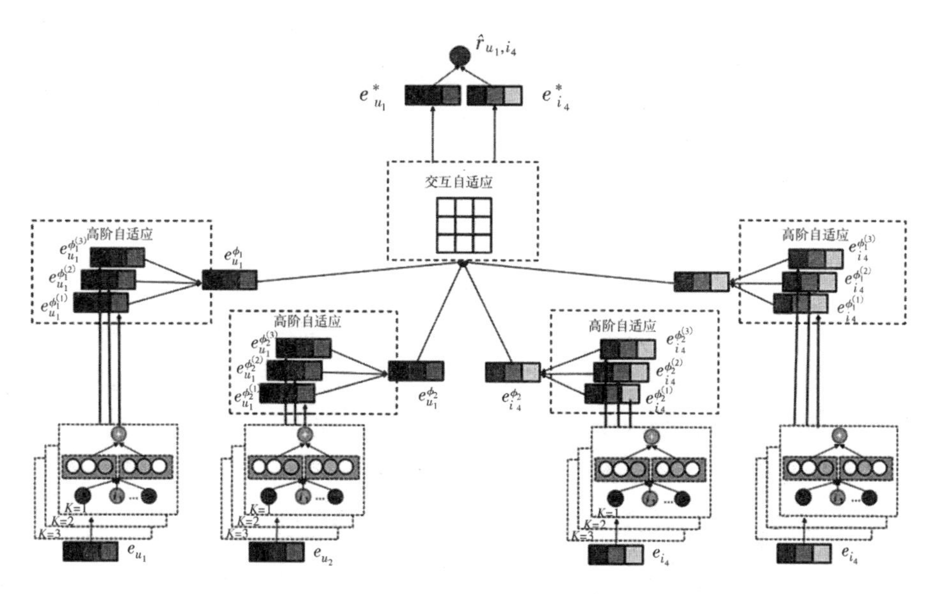

图 2-6　DAHG **模型架构图**

模型构建主要有以下几个步骤：

(1) 选取单条元路径 φ_1 ，分别聚合第 $1\sim K$ 阶的邻居，可以学习到一组节点表示分别为：$e^{\varphi_1^{(1)}}$ ，$e^{\varphi_1^{(2)}}$ ，…，$e^{\varphi_1^{(K)}}$ 。

(2) 利用高阶自适应机制联合不同阶的节点表示，可以得到该元路径下的节点表示 e^{φ_1} 。

(3) 按照以上两个步骤，对用户选取 p 条元路径 φ_1，φ_2，…，φ_p 得到用户的多个方面的表示 e^{φ_1}，e^{φ_2}，…，e^{φ_p} ，对商品选取 l 条元路径 φ_1，φ_2，…，φ_l 得到商品的多个方面的表示 e^{φ_1}，e^{φ_2}，…，e^{φ_l} 。

(4) 对一组特定商品和用户，利用交互自适应机制聚合节点多方面的表示，得到用户和商品的最终表示 e_u^* 和 e_i^* 。

(5) 最后计算 e_u^* 和 e_i^* 的内积作为模型的预测值。

综上所述，DAHG 模型的流程可以概括为：首先随机初始化节点表示，选取多条元路径并利用图神经网络学习 $1\sim K$ 阶邻居节点表示。然后，利用高阶自适应机制来聚合不同阶数下的节点表示，并自动加权融合不同阶数的节点表示。交互自适应机制则关注于如何学习到特定交互下，用户或商品的多个关系下表示的权重，进而得到特定交互下的节点最终表示。最后，利用用户和商品的最终表示进行推荐。

2.4.2 模型构建方法

1. 初始用户和商品表示

使用随机初始化节点表示，并基于其 ID 来获取特定节点表示，如下所示：

$$[\boldsymbol{e}_{u_1}, \boldsymbol{e}_{u_2}, \cdots, \boldsymbol{e}_{u_N}, \boldsymbol{e}_{i_1}, \boldsymbol{e}_{i_2}, \cdots, \boldsymbol{e}_{i_M}] \tag{2-9}$$

其中，$\boldsymbol{e}_{u_N}$ 代表用户 u_N 的初始向量表示，$\boldsymbol{e}_{i_M}$ 表示商品 i_M 的初始向量表示。初始的节点表示可以认为是第 0 阶的节点表示。初始节点表示会随着模型优化过程而自动地学习到能够反映节点特性的向量。

2. 聚合邻居节点信息

本节将整个推荐场景中的信息建模为一个异质信息网络，其包含用户与商品之间的多种复杂交互。然后设计了一种基于异质信息的神经网络来学习其用户及商品的表示并用于商品推荐。基于异质信息的神经网络是传统图神经网络的一个扩展，同时考虑了多种不同交互下的结构信息来学习多样的节点表示。相对于传统图神经网络，基于异质信息的神经网络可以充分挖掘更多的有用信息。主要分为两大步骤：第一步，给定某一种关系下，聚合节点在该关系下的邻居信息来更新节点表示，这是节点某一方面的表示，不够全面；第二步，通过多种关系来聚合不同的邻居信息并学习不同关系下节点的多样化表示，这样可以从不同方面描述节点表示，进而实现更加全面的节点描述。

以用户为例，给定元路径，可以逐步聚合其邻居信息，进而可以得到用户在不同阶数下的表示，公式如下：

$$e_u^{\varphi_p^{(k)}} = A^k(\cdots A^2(A^1(u, \varphi_p))) \tag{2-10}$$

其中，$e_u^{\varphi_p^{(k)}}$ 表示聚合 k 阶邻居节点信息之后的节点表示，A^k 表示第 k 阶邻居节点信息的聚合过程。通过多层的邻居聚合，可以捕获到节点更大邻域范围内的结构信息，这有助于提升节点的表示。特别地，对于数据稀疏的推荐系统来说，比如说用户和商品之间的交互较少，或者说对于某些新增的用户或者商品，可以通过多层聚合的异质图神经网络，拿到更多有价值的信息来提升其表示。换句话说，高阶邻居节点或者是多跳邻居节点所提供的结构信息是非常重要的一个信号，可以极大地提升推荐系统的效果。

但是，建模这种高阶结构信号对于图神经网络来说可能会出现一些问题。随着图神经网络层数的增加，整个模型可能会出现退化现象。这个现象叫作过拟合或者是过平滑现象，已经在很多的论文中得到了广泛的研究。因此，为了成功地捕获高阶结构信息同时避免退化现象，邻居聚合函数过程要充分考虑节点自身的信息，而不是淹没在海量的邻居信息中学习节点表示。以 1 阶邻居聚合 $A^{1\cdot}$ 为例，聚合过程可以表示为

$$e_u^{\varphi_p^{(1)}} = W_1^{\varphi_p} e_u + \sum_{n \subseteq N_u^{\varphi_p}} (W_1^{\varphi_p} e_u + W_2^{\varphi_p} (e_u \odot e_n)) \tag{2-11}$$

其中，$N_u^{\varphi_p}$ 表示 φ_p 元路径下用户的邻居节点集合；e_n 表示邻居节点的向量表示；$W_1^{\varphi_p}$ 和 $W_2^{\varphi_p}$ 分别代表在元路径 φ_p 中自身节点的权重和邻居节点的权重；$\odot$ 表示逐个元素相乘。上述公式的核心目的有两个：第一，在聚合邻居信息的时候，单独将节点自身的表示取出来并进行强调，这是为了避免深层神经网络的退化现象。第二，聚合邻居信息的时候，实际上并不是单纯的聚合邻居信息，本书还考虑了节点与邻居的信息特征交叉。特征交叉在推荐系统中是非常重要的，通过将用户与用户之间的特征或者用户与商品之间的特征进行交叉，可以探索二者之间的相关性，进而实现更好的推荐效果。类似地，本书将上述的特征交叉引入到邻居聚合过程中来。$e_u \odot e_n$ 实际上可以认为是某种意义上的特征交叉。例如，如果节点与其邻居的表示非常相近，对应位置的值就比较高，代表两个节点的相关性较高。

上面以用户为例展示了邻居聚合及相应的表示学习过程，并解释了聚合过程的特点。类似地，可以同样的方式来实现对商品表示的学习。两者共享类似的神经网络架构，但是需要注意的是，商品和用户是两类不同类型的节点，因而，需要用到不同的参数去进行捕获。

3. 高阶自适应机制

在分别学习到用户及商品的不同阶数表示之后，需要将不同阶数下的节点表示进行融合来得到一个融合节点表示，使其能够反映节点不同邻居或者不同结构所蕴含的信息。

实现上述目标的一个最简单的做法就是将不同阶数下的节点表示都拼接起来。但是，这样做会有一些问题：第一，随着模型层数的增加，通过拼接方式得到的节点表示的维度可能会非常大，这对后续的模型来说是不友好的。第二，不同阶数下的邻居的信息对于节点来说是有一定的差异的。直观地，距离节点越远的邻居，信息的重要程度就会越低。而直接相连的邻居所提供的信息的重要性会相对较高。这就类比于，用户与其直接

相连的朋友会更加熟悉，但是与其朋友的朋友的朋友可能会相对疏远。因此，需要设计一种能够自动学习不同阶数下节点表示的权重并将其自适应地融合起来的机制，来实现更好的推荐效果。本书提出一个高阶自适应机制 F 来满足上述需求，具体如下：

$$e_u^{\varphi_p} = F(e_u^{\varphi_p^{(1)}}, e_u^{\varphi_p^{(2)}}, \cdots, e_u^{\varphi_p^{(K)}}) \tag{2-12}$$

其中，$e_u^{\varphi_p}$ 代表融合不同阶数后的用户表示。F 实质上是一种注意力机制，其首先通过一个神经网络将不同阶数的节点表示投影到同一个隐空间里，随机初始化一个注意力向量 $\boldsymbol{q}$，然后通过 $\boldsymbol{q}$ 来实现不同阶数的重要性学习，公式如下：

$$m_{uk} = \boldsymbol{q} \cdot \tanh(\boldsymbol{W} \cdot e_u^{\varphi_p^{(k)}} + \boldsymbol{b}) \tag{2-13}$$

其中，m_{uk} 表示用户 u 的第 k 阶表示的权重，$\boldsymbol{W}$ 和 $\boldsymbol{b}$ 分别代表权重矩阵和偏置向量。上述公式的核心目标实际上是将节点表示与注意力向量进行相似度匹配。如果投影之后的节点表示和注意力向量匹配程度较高，那么模型就会赋予其较高的重要性或者是注意力权重。如果在注意力向量空间里面节点的表示与注意力向量并不是非常相似，那么，模型就会赋予其较低的重要性和相应的权重。

然后，可以对各个阶数的重要性进行归一化，进而得到不同阶数下表示的权重。这里本书采用 softmax 函数进行归一化，如下所示：

$$w_{uk} = \text{softmax}(m_{uk}) = \frac{\exp(m_{uk})}{\sum_{k=1}^{K} \exp(m_{uk})} \tag{2-14}$$

其中，w_{uk} 表示用户 u 的第 k 阶表示的归一化权重。这里的归一化过程是非常有必要的，因为对于图神经网络来说，相对标准化的输入能够减缓后续模型学习的难度。通过 softmax 归一化，可以将不同阶数的注意力权重归一化到 0～1 之间，这可以实际上认为是一种概率分布。

最后，可以将不同阶数的表示进行加权融合，进而得到用户 u 在元路径 φ_p 下的表示，如下所示：

$$e_u^{\varphi_p} = \sum_{k=1}^{K} w_{uk} \cdot e_u^{\varphi_p^{(k)}} \tag{2-15}$$

上述公式实现了对多个阶数下的表示进行自适应的加权融合。权重系数 w_{uk} 会随着用户的不同以及阶数的不同而变化。假如用户 u 在二阶邻居下的表示权重较大，那么可以认为在该推荐场景下二阶邻居的信息更加重要。从多个方面捕获不同节点的结构信息也可以一定程度上缓解数据稀疏和冷启动问题。最终，用户在 p 个元路径 φ_1，φ_2，…，φ_p 下的一组对应的高阶表示为：$e_u^{\varphi_1}$，$e_u^{\varphi_2}$，…，$e_u^{\varphi_p}$ 。

同样地，我们也可以学习到商品在 l 个元路径 φ_1，φ_2，…，φ_l 下的一组对应的高阶表示为：$e_i^{\varphi_1}$，$e_i^{\varphi_2}$，…，$e_i^{\varphi_l}$ 。

4. 交互自适应机制

在预测用户对商品是否会发生购买行为时，需要考虑不同用户可能因为不同的偏好（个人偏好、社交偏好等）去购买商品。因此，在对用户多个表示进行加权融合时，其权重应该与商品有关。同样地，在对商品的多个表示进行加权时，其权重应该与用户有关。需要强化用户和商品多个表示之间的关联性进而提升推荐效果。

在这里本书设计了一种交互自适应机制 G，用来融合用户和商品多个元路径下的表示，得到用户和商品的最终表示 e_u 和 e_i 。

$$e_u，e_i = G(e_u^{\varphi_1}，e_u^{\varphi_2}，\cdots，e_u^{\varphi_p}，e_i^{\varphi_1}，e_i^{\varphi_2}，\cdots，e_i^{\varphi_l}) \tag{2-16}$$

可以看到，上述公式的作用是将用户和商品在多个元路径下的表示作为输入，然后建模二者之间的交互，最终输出用户和商品的表示。

具体来说，用户和商品的表示向量维度为 d，我们将用户的 p 个表示放到一起，形成一个 $p \times d$ 的矩阵 $\boldsymbol{E}_u$ 。然后将商品的 l 个方面表示放到一起形成一个 $l \times d$ 的矩阵 $\boldsymbol{E}_i$ 。同时我们随机初始化一个适配矩阵 $\boldsymbol{M}$，其大小为 $d \times d$ 。这里适配矩阵 $\boldsymbol{M}$ 实际上可以作为衡量用户与商品多个表示之间的关联度的矩阵，通过矩阵 $\boldsymbol{M}$ 能够学习到用户与商品的多个表示的最佳匹配。接下来可以计算一个交互矩阵 $\boldsymbol{B}$ 。

$$\boldsymbol{B} = \boldsymbol{E}_u \cdot \boldsymbol{M} \cdot (\boldsymbol{E}_i)^{\mathrm{T}} \tag{2-17}$$

其中，$\boldsymbol{B}$ 的大小为 $p \times l$，描述了用户的 p 个表示与 l 个商品的表示交互情况。然后我们对这个矩阵做行求和，进而获得用户的 p 个表示的权重系数 α_p^{ui}，公式如下：

$$\alpha_p^{ui} = \mathrm{softmax}(\mathrm{sum}_{\mathrm{row}}(B)) \tag{2-18}$$

对矩阵 $\boldsymbol{B}$ 做列求和，得到商品的 l 个表示的权重系数 β_l^{ui}：

$$\beta_l^{ui} = \mathrm{softmax}(\mathrm{sum}_{\mathrm{col}}(B)) \tag{2-19}$$

然后我们可以根据这一组系数对用户的多个表示进行加权，得到最终的用户表示 e_u^*，因为加权系数与商品有关，因此 α_p^{ui} 可以很好地反映用户对于商品的偏好。公式如下所示：

$$e_u^* = \sum_{n=0}^{p} \alpha_n^{ui} \cdot e_u^{\varphi n} \tag{2-20}$$

同样地，我们可以得到最终的商品表示公式如下所示：

$$e_i^* = \sum_{n=0}^{l} \beta_n^{ui} \cdot e_u^{\varphi n} \tag{2-21}$$

交互自适应机制反映了用户某个方面的表示与商品的某个表示之间的匹配程度。由于购买行为背后发生的原因是多样的，用户可能是基于自身的偏好进行购买，也有可能是基于其他方面原因，例如基于好友推荐购买。因此本章通过多个表示的权重探索出用户购买行为背后的真实原因。

5. 模型预测

通过之前的步骤，得到了用户和商品在特定交互下的最终表示。基于这些表示，可以实现商品推荐。本书通过计算用户与商品的最终表示的内积进行偏好预测。$\widehat{r}_{u,i}$ 表示最终用户购买概率估计值，公式如下：

$$\widehat{r}_{u,i} = (e_u^*)^{\mathrm{T}} e_i^* \tag{2-22}$$

最后我们基于 BPR 排序损失进行模型优化：

$$\text{Loss} = \sum_{(u,i,i^-) \in O} -\ln(\widehat{r}_{u,i} - \widehat{r}_{u,i^-}) \tag{2-23}$$

其中，O 代表样本集；u，i 表示正样本；u，i^- 代表负样本。最后我们可以最小化上述的 BPR 损失函数，并以反向传播的形式来端到端地优化整个模型中的参数，所有参数会随着模型的优化过程收敛到一个固定值。

2.4.3 整体流程

DAHG 的训练过程如表 2-1 所示。

表 2-1 DAHG 的训练过程

算法 4.1 DAHG 的训练过程
Input：异质信息网络 $G = (V, E, \varphi, \psi)$ 用户相关元路径 $\varphi_1, \varphi_2, \cdots, \varphi_p$ 商品相关元路径 $\varphi_1, \varphi_2, \cdots, \varphi_l$ 模型阶数 K
Output：DAHG 模型及参数

续表

算法 4.1　DAHG 的训练过程
Begin
1. 初始化用户与商品表示 e_{u1}，e_{u2}，…，e_{uN}，e_{i1}，e_{i2}，…，e_{iM}
2. for φ_a φ_1，φ_2，…，φ_p do
3. for $k \leftarrow 1$ to K do
4. 通过元路径聚合邻居信息，得到 k 阶用户表示 $e_u^{\varphi a(k)}$
5. end for
6. 通过高阶自适应机制得到当前元路径下用户表示 $e_u^{\varphi a}$
7. end for
8. for φ_b φ_1，φ_2，…，φ_l do
9. for $k \leftarrow 1$ to K do
10. 通过元路径聚合邻居信息，得到 k 阶商品表示 $e_i^{\varphi b(k)}$
11. end for
12. 通过高阶自适应机制得到当前元路径下商品表示 $e_i^{\varphi b}$
13. end for
14. 通过交互自适应机制得到用户最终表示 e_u^* 和商品的最终表示 e_i^*
15. 偏好预测
16. 计算损失函数
17. 更新模型参数
End

2.5　实验结果及分析

2.5.1　对比实验结果

将本章提出的 DAHG 算法与以下的 TOP-N 推荐算法进行比较。

NMF[45]：一种使用隐式反馈的神经网络排序推荐算法，由广义矩阵分解部分和多层感知机两部分组成。

BMF[46]：贝叶斯个性化排序矩阵分解（BPR）是一种基于隐反馈的成对学习个性化排序推荐算法。

GAT[47]：一种加入了注意力机制的图神经网络算法。

McRec[48]：一种异质信息网络推荐算法。该算法以元路径间相互增强的方式改进基于元路径的用户和商品的表示。

NGCF[49]：基于图神经网络的协同过滤算法。它可以显式地将用户-商品的高阶交互编码进表示向量中，用以提升表示能力进而提升整个推荐效果。

使用谷歌深度学习框架 Tensorflow 实现本章提出的模型 DAHG，使用随机初始化参数并使用 Adam（自适应矩估计）算法优化模型。关于实验的参数设置，本书在 Movielens 数据集中设置学习率为 5×10^{-4}，在 Amazon 数据集中设置学习率为 10^{-3}，在 Yelp 数据集中设置学习率为 5×10^{-3}。三个数据集中设置的正则化系数均为 1.0。对于阶数自适应机制中的注意力向量，本书在实验中设置为 2 维。对于交互自适应机制中的适配矩阵，设置的维度为 64×64。对于实验停止参数设置为 100，即验证损失在 100 个周期内没有下降则停止实验，那么即使没有完成全部训练，也立即停止训练。对于基准模型，实验中均使用对应的参考文献中展示的最优参数和体系结构。对于每个模型本书都进行 10 次实验，取 10 次实验的平均值作为最终的实验结果。

表 2-2 展示了本书提出的 DAHG 和其他基准算法在 Movielens 数据集上 Top-10 推荐的效果。从表中可以看出，DAHG 算法在整体性能上优于其他的对比算法，在全部四项指标中均好于对比算法。其中准确率、召回率和归一化折损累计增益有较为明显的提升，命中率相比其他算法有小幅提升。由于 Movielens 数据集是数据量较小的一个数据集，同时也是用户反馈最为稠密的数据集，因此基于矩阵分解的方法也取得了较好的效果，GAT 是一个通用的表示学习模型，由于没有对推荐问题做出针对性优化，因此表现一般。

表 2-2　Movielens 数据集上算法性能

模型	Pre@10	Recall@10	NDCG@10	HR@10
BMF	0.325 1	0.209 6	0.408 1	0.892 8
NMF	0.170 4	0.116 3	0.233 6	0.773 9
GAT	0.206 8	0.121 0	0.255 6	0.754 8
MCRec	0.331 0	0.212 9	0.262 4	0.902 5
NGCF	0.336 9	0.217 9	0.417 8	0.904 5

续表

模型	Pre@10	Recall@10	NDCG@10	HR@10
DAHG	0.365 1	0.240 7	0.453 7	0.922 5
提升	8.37%	10.46%	8.59%	1.99%

图 2-7 使用柱状图直观地展示了本书提出的 DAHG 模型与其他基准模型在 Movielens 数据集上的性能对比。

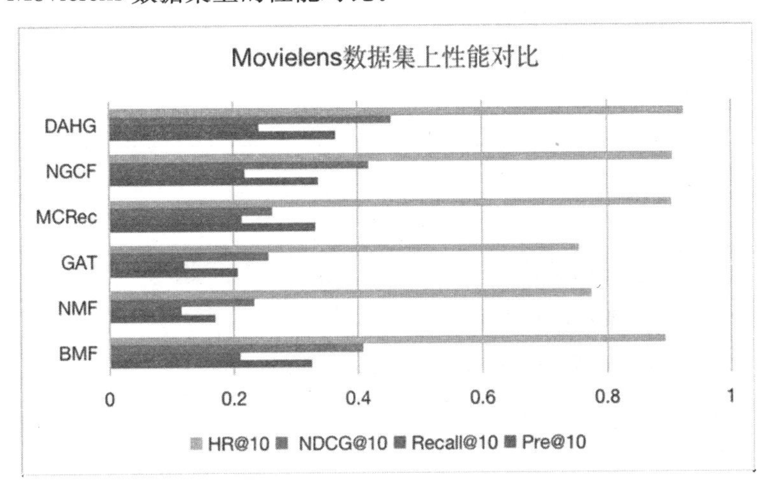

图 2-7 Movielens 数据集上性能对比

表 2-3 展示了 DAHG 和其他基准算法在 Yelp 数据集上 Top-10 推荐的效果。从表中可以看出，DAHG 算法和 NGCF 算法在 Yelp 数据集上表现较好，猜测这可能是由于 Yelp 数据是本次实验所用的数据集中用户反馈最为稀疏的一个数据集，DAHG 和 NGCF 模型都能够聚合高阶邻居节点的信息，因此在数据较为稀疏的情况下表现较好，而基于矩阵分解的 BMF 和 NMF 在面对稀疏数据时表现较差。同时 Yelp 数据集中还含有丰富的异质数据，DAHG 相较于同质信息网络上的表示学习方法 GAT，能够捕捉这些异质信息，提升表示的准确性，性能提升也较为明显。图 2-8 使用柱状图直观地展示了本书提出的 DAHG 模型与其他基准模型在 Yelp 数据集上的性能对比。

表 2-3 Yelp 数据集上的算法性能

模型	Pre@10	Recall@10	NDCG@10	HR@10
BMF	0.003 9	0.028 7	0.015 0	0.029 1

续表

模型	Pre@10	Recall@10	NDCG@10	HR@10
NMF	0.001 2	0.026 5	0.023 3	0.039 8
GAT	0.003 8	0.024 0	0.017 1	0.036 3
MCRec	0.003 1	0.053 1	0.020 1	0.043 2
NGCF	0.007 3	0.041 0	0.027 1	0.066 7
DAHG	0.008 5	0.064 2	0.032 1	0.076 1
提升	14.11%	20.90%	18.45%	14.09%

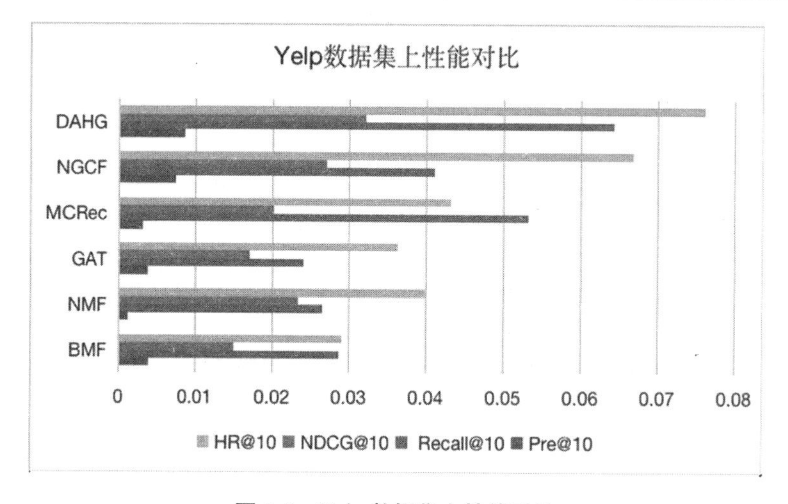

图 2-8　Yelp 数据集上性能对比

表 2-4 展示了 DAHG 和其他基准算法在 Amazon 数据集上 Top-10 推荐的效果。从表中可以看出，DAHG 算法在整体性能上优于其他的对比算法，在全部四项指标中均好于对比算法，且四项指标都有较为明显的提升。

表 2-4　Amazon 数据集上的算法性能

模型	Pre@10	Recall@10	NDCG@10	HR@10
BMF	0.049 0	0.088 1	0.117 6	0.323 2
NMF	0.016 8	0.026 4	0.046 3	0.137 1
GAT	0.041 0	0.081 0	0.109 6	0.299 8

续表

模型	Pre@10	Recall@10	NDCG@10	HR@10
MCRec	0.030 9	0.069 7	0.113 1	0.302 7
NGCF	0.049 5	0.087 0	0.115 0	0.322 4
DAHG	0.053 8	0.097 8	0.126 4	0.348 6
提升	8.69%	11.01%	7.48%	7.86%

图 2-9 使用柱状图直观地展示了本书提出的 DAHG 模型与其他基准模型在 Amazon 数据集上的性能对比。

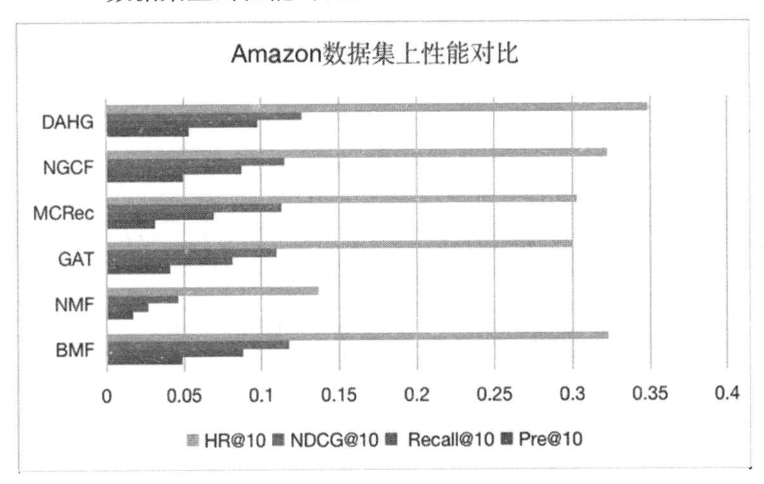

图 2-9　Amazon **数据集上性能对比**

基于表 2-2、2-3、2-4 的实验结果，可以发现：

(1) 本书所提出的 DAHG 模型在所有数据集上性能均超过了对比模型。这表明了 DAHG 中设计的双重自适应机制能有效地抽取异质网络中的信息以实现更好的推荐效果。

(2) 深度学习算法，尤其是图神经网络算法展现出了一定的优势，如 NGCF 考虑了高阶连接性来提升用户和商品的表示，因此其效果大幅度超过经典的 BMF 和 NMF。GAT 是一个经典的图神经网络模型，但由于它没有针对推荐问题做优化，因此表现一般。MCRec 考虑丰富的异质信息来建模推荐问题，其表现优于 NMF。

2.5.2 模型设计验证

本章提出的模型相较于其他的异质信息网络推荐模型，主要有两个方面的设计思路改进：①联合元路径下多个阶数的表示，可以更好地捕获节点的高阶邻居信息，可以减少数据稀疏性的影响，缓解推荐系统中的冷启动问题。②对于不同的用户而言，不同元路径下的表示权重不同，并且用户在购买不同的商品时，各类关系的权重是不一样的，因此需要学习个性化的权重。为了验证这两个设计思路是否有效，本书针对这两个设计构造了 DAHG 模型的变种，然后进行了两组对比实验，比较变种模型与完整模型的性能差异，从而验证上述两个设计的有效性，证明改进设计思路的合理性。

$DAHG_{noHA}$：去除了高阶自适应机制，其对不同阶数的表示进行简单平均操作。

$DAHG_{noIA}$：去除了交互自适应机制，其对用户和商品的多个表示进行简单平均操作。

本书在 Movielens 数据集上，将变种模型与完整模型做对比实验，实验结果如表 2-5 所示。

表 2-5 在 Movielens 数据集上的模型设计有效性检验

模型	Pre@10	Recall@10	NDCG@10	HR@10
$DAHG_{noHA}$	0.338 9	0.223 2	0.427 6	0.913 6
$DAHG_{noIA}$	0.341 3	0.229 8	0.443 1	0.918 9
DAHG	0.361 5	0.240 7	0.453 7	0.922 5

基于表 2-5 的实验结果可以发现，DAHG 模型的两个变种算法分别出现了不同程度的效果下降。这意味着本书所设计的阶数自适应机制和交互自适应机制均起到了一定的作用，具体地，阶数自适应机制能够探索高阶邻居的重要性并赋予其合适的权重，而简单的平均操作无法区分出不同阶数邻居的差异性。另一方面，交互自适应机制能够根据不同交互来探索用户和商品的多个交互权重，因而实现了个性化的商品推荐。如果将用户和商品的多个表示都以简单平均的形式来进行融合，其无法捕获特定交互中的细微差异，进而实现次优的推荐效果。

2.5.3 推荐列表长度影响分析

在完成了基础的实验之后，为了进一步探究不同的推荐列表长度对模型性能的影响，继续在基础实验的数据集上进行了不同推荐列表长度下性能的对比实验。该实验在其他变量保持不变的情况下将推荐列表长度由 10 增加到 100，实验结果如图 2-10、2-11、2-12 所示。

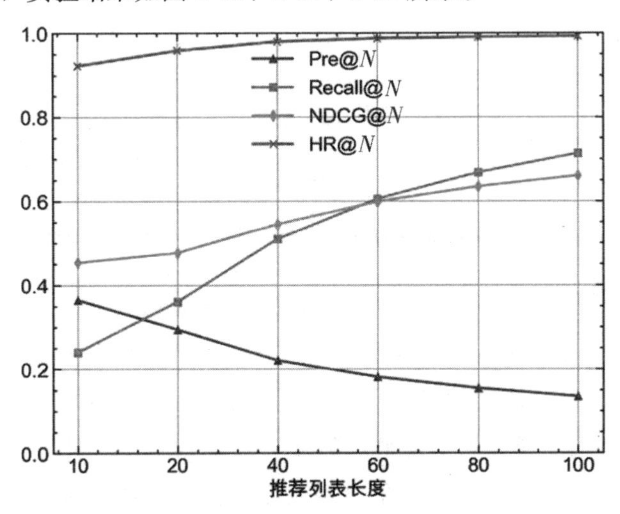

图 2-10 Movielens 数据集上不同推荐列表长度下性能表现

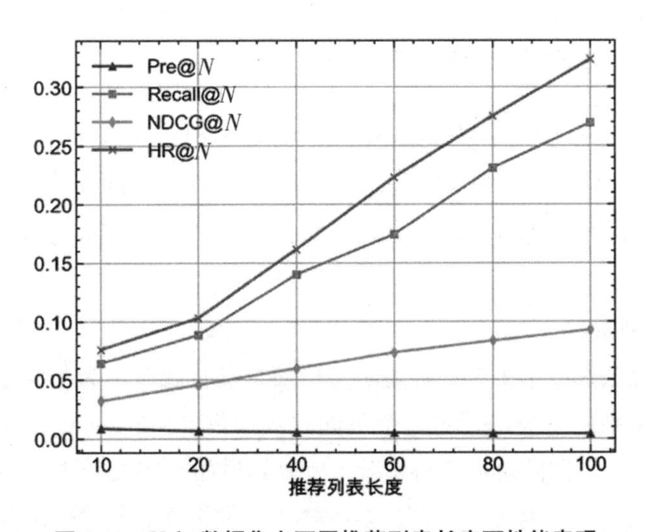

图 2-11 Yelp 数据集上不同推荐列表长度下性能表现

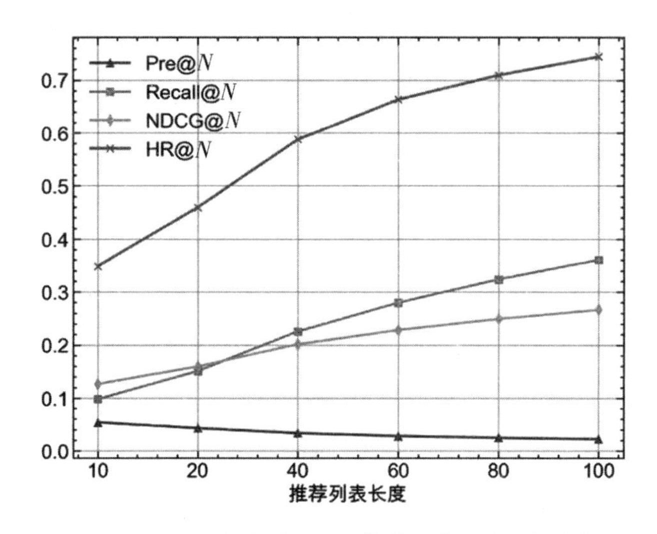

图 2-12 Amazon **数据集上不同推荐列表长度下性能表现**

图 2-10、图 2-11、图 2-12 使用折线图直观地展示了 DAHG 模型在 Movielens、Yelp、Amazon 数据集上在 10～100 的推荐列表长度中的性能变化趋势。基于上述实验结果，发现随着推荐列表长度的增加，Recall、NDCG、HR 三个指标均呈现上升趋势，尤其 Recall、HR 指标上升明显，Pre 指标下降平稳，这表明了在加大推荐列表长度时，算法的性能依旧表现良好。

2.5.4 参数敏感度分析

DAHG 模型应用于推荐系统时，主要的参数包括模型阶数、用户与商品表示向量（embedding）的维度、高阶自适向量的维度以及正则化系数，以 Movielens 数据集为例，本书研究了 DAHG 算法随不同参数取值下的参数变化。

1. 模型阶数

本章方法选取第 1～K 阶高阶邻居信息进行融合，为了验证所选取阶数对实验结果的影响，针对三个不同的数据集（Movielens、Yelp、Amazon），选取了不同的阶数进行实验，实验结果如表 2-6、2-7、2-8 所示。

表 2-6　不同阶数模型在 Movielens 数据集上的性能表现

模型阶数	Recall@10	NDCG@10
DAHG-1	0.231 2	0.427 6
DAHG-2	0.240 7	0.453 7
DAHG-3	0.237 3	0.443 1
DAHG-4	0.223 7	0.433 9

表 2-7　不同阶数模型在 Yelp 数据集上的性能表现

模型阶数	Recall@10	NDCG@10
DAHG-1	0.057 6	0.026 7
DAHG-2	0.062 9	0.031 4
DAHG-3	0.064 2	0.032 1
DAHG-4	0.062 8	0.031 1

表 2-8　不同阶数模型在 Amazon 数据集上的性能表现

模型阶数	Recall@10	NDCG@10
DAHG-1	0.093 8	0.119 5
DAHG-2	0.096 1	0.120 8
DAHG-3	0.099 2	0.123 2
DAHG-4	0.097 8	0.126 4

基于表 2-6，2-7，2-8 所述实验结果，有如下发现：

（1）在模型阶数较少时，增加 DAHG 模型的阶数可以有效地提升模型的性能，在所有数据集中 DAHG-2 的性能均优于 DAHG-1，在 Yelp、Amazon 数据集中 DAHG-3 的性能优于 DAHG-2。高阶连接能够更好地捕获节点间的协作信息，改善节点表示，提升模型性能。

（2）进一步提升阶数出现了性能下降，对于 Movielens 数据集，在阶数超过 2 阶时出现了性能下降，对于 Yelp 和 Amazon 数据集，在阶数超过 3 阶时出现了性能下降。这可能是由于应用太深的架构可能造成的将噪声信息引入表示学习，产生过拟合问题。因此需要对于不同的数据集选择合适的模型阶数。

（3）当选择合适的阶数时，DAHG 模型的性能优于其他的对比方法。再次验证验证了 DAHG 模型的有效性，显示出高阶连接性的明确建模可以有效提升模型在推荐任务中的性能。

2. 用户与商品表示向量的维度

对于用户与商品最终表示向量的维度选择，将最终表示向量的维度由 2 增加到 64，实验结果如图 2-13 以及表 2-9 所示。

表 2-9　Movielens 数据集上不同表示向量维度下的算法性能

指标	2	4	8	16	32	64
Pre@10	0.254 35	0.293 74	0.335 24	0.353 50	0.286 31	0.365 07
Recall@10	0.162 89	0.190 78	0.217 00	0.228 46	0.185 64	0.240 68
NDCG@10	0.330 06	0.370 73	0.414 47	0.433 54	0.370 81	0.453 72
HR@10	0.832 27	0.873 67	0.987 26	0.911 89	0.917 20	0.922 51

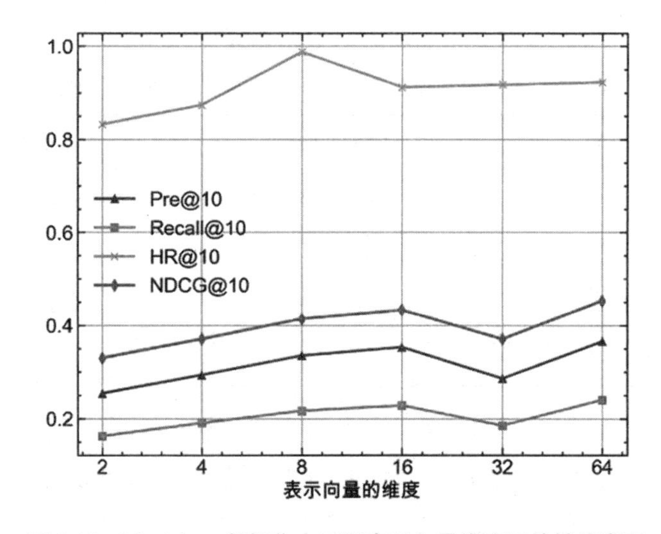

图 2-13　Movielens 数据集上不同表示向量维度下的性能表现

基于表 2-9 与图 2-13 所述实验结果，有如下发现：DAHG 的各项指标会随着表示向量维度的增大而呈现逐步上升趋势。当维度的值取 64 时，本书所提出的模型性能最佳，说明模型需要足够的维度来编码用户或商品的偏好，如果维度过低，会降低模型的预测效果。

3. 高阶自适向量的维度

对于自适向量的维度选择，将其由 2 增加到 64，实验结果如图 2-14、

表 2-10 所示。

表 2-10　**不同高阶自适应向量维度下的** Movielens **数据集性能比较**

指标	2	4	8	16	32	64
Pre@10	0.365 70	0.270 06	0.288 22	0.311 04	0.332 06	0.253 82
Recall@10	0.240 68	0.172 86	0.190 90	0.198 50	0.205 20	0.170 94
NDCG@10	0.453 72	0.351 64	0.370 03	0.397 73	0.417 49	0.341 86
HR@10	0.922 51	0.847 13	0.881 10	0.892 78	0.890 66	0.853 50

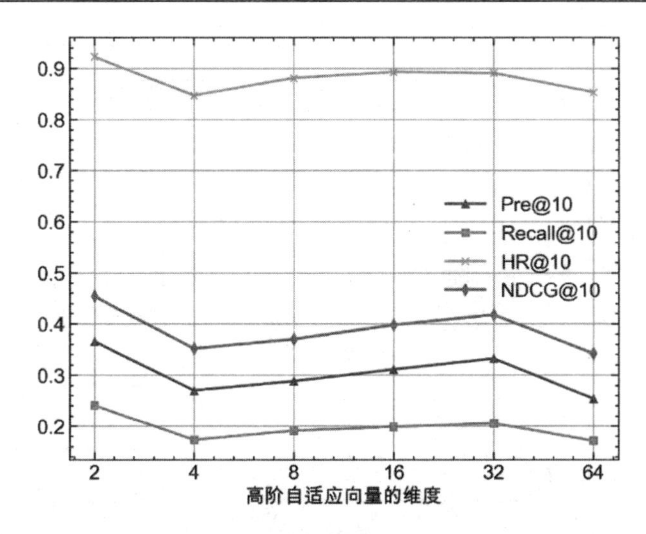

图 2-14　Movielens **数据集上不同的高阶自适应向量维度下性能表现**

基于表 2-10 与图 2-14 所述实验结果，可以发现，注意力向量的维度在一定范围内对模型效果的影响并不是非常明显。但是，如果将其设为一个过大或者过小的值，模型的效果就会出现明显的变化，这是由于注意力向量需要一个适中的维度来编码注意力信息，过小的维度和过大的维度均可能导致一定的优化问题（过拟合或者欠拟合）。

另一方面，随着注意力维度的变化，模型的各个指标出现了相同的变化趋势。这是很有道理的，因为所有指标都会随着模型推荐能力的变化而变化。

4. 正则化系数

深度学习模型通常有超强的预测和拟合能力，因而其非常容易发生过拟合现象。为了在一定程度上缓解过拟合现象，会尝试各种各样的正则化技术。本章以 L_2 正则来调整模型的过拟合程度，使用不同正则化系数的表现如表 2-11、图 2-15 所示。

表 2-11　Movielens 数据集上不同正则化系数下的性能表现

指标	0.1	0.2	0.4	0.6	0.8	1.0
Pre@10	0.309 98	0.286 94	0.354 14	0.273 46	0.362 63	0.365 07
Recall@10	0.206 47	0.184 09	0.229 76	0.174 23	0.236 02	0.240 68
NDCG@10	0.391 15	0.372 12	0.353 58	0.448 94	0.453 72	0.453 72
HR@10	0.897 03	0.872 61	0.916 14	0.853 50	0.917 20	0.922 51

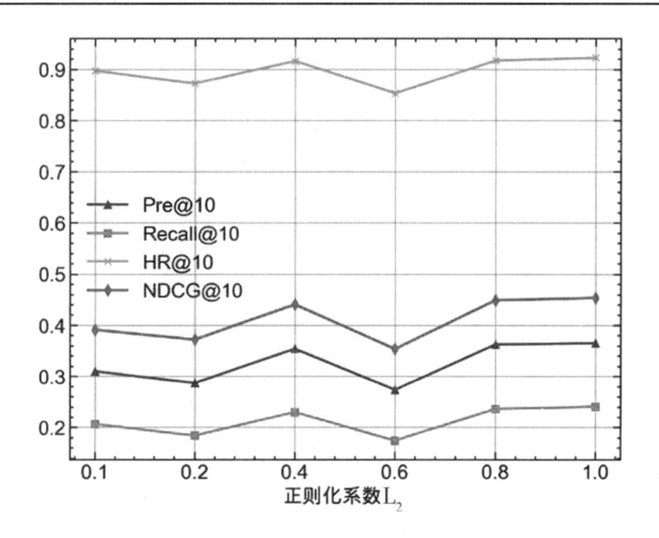

图 2-15　Movielens 数据集上不同的正则化系数下的性能表现

从表 2-11、图 2-15 中可以发现：当正则化系数设置为 0.4 时，模型达到了一个比较好的效果。同时模型对于 L_2 正则具有一定的鲁棒性，即在一定范围内 L_2 正则的变化并不会显著地影响模型的效果，这也间接反映了本书所提出模型的稳定性。

3 基于时间和神经网络的推荐策略研究

本章从不同角度对推荐算法进行了研究，旨在解决推荐算法中过度关注流行物品的营销近视症问题和冷启动问题，提高算法的多样性和准确性。主要分为两个方面：一个为基于二部图网络结构引入时间因素量化物品流行性的推荐研究，另一个为基于神经网络解决冷启动问题的推荐研究。

（1）基于物品综合流行性的推荐算法，从物品在市场的发展规律角度出发，加入时间因素量化物品流行性，构建能够与基准算法进行结合的推荐模型。大多数加入时间因素的推荐算法研究往往偏向于关注用户的兴趣变化，而在实际市场中物品也呈现动态发展。本章以物品的发展规律为出发点，结合全概率模型提出了衡量物品综合流行性的实时推荐算法（Com-PI）。将其运用于多个数据集进行实验，结果表明算法能在保证算法准确性的同时提高多样性，能够有效缓解推荐算法中的营销近视症问题，合理优化物品的推荐得分。

（2）基于神经网络的推荐算法研究，旨在解决推荐算法中的冷启动问题。本书利用神经网络来挖掘用户特性和物品特性之间的联系：①利用 BP 神经网络挖掘用户特征与用户偏好之间的联系。当新用户进入系统时，BP-Rec 模型能够根据用户的特征预测用户的偏好。②利用卷积神经网络提取用户和物品之间的关系特征。首先将标签信息作为节点加入二部图网络，将二部图网络的结构进行扩充。然后通过邻居结构建立描述用户-物品关系的特征图像，最后利用卷积神经网络提取图像特征进行图像分类，以此来预测用户对物品的行为。

3.1 基于物品综合流行性的推荐算法

3.1.1 时间权重衰减模型

物品在推荐系统的实际发展过程复杂多样。推荐系统是动态发展的，不断有新物品和新用户出现。推荐系统中的物品从进入市场开始，随着时间的推移必然会经过形成（forming）、成长（growth）、成熟（maturing）、衰退（recession）等周期直到被市场淘汰，整个增长过程呈现“S”形生长曲线。但还有很多特殊的物品生命周期曲线，其中包括风格型（style）、时尚型（fashion）、热潮型（fad）和扇贝型（scallop）四种特殊的类型。风格型和扇贝型的物品在发展后期的增长速度较为缓慢。现有许多推荐算法过分关注近期物品的发展变化，可能出现马太效应中的“营销近视症”问题，即算法认为物品的流行程度不高，误认为物品已经进入衰退期，提前将仍有推荐价值的物品移出推荐列表。这可能会导致风格型等物品过早地被剔除，例如，经典电影在很长时间以后仍有推荐价值。商品生命周期曲线如图 3-1 所示，右上角为四种特殊生命周期曲线。

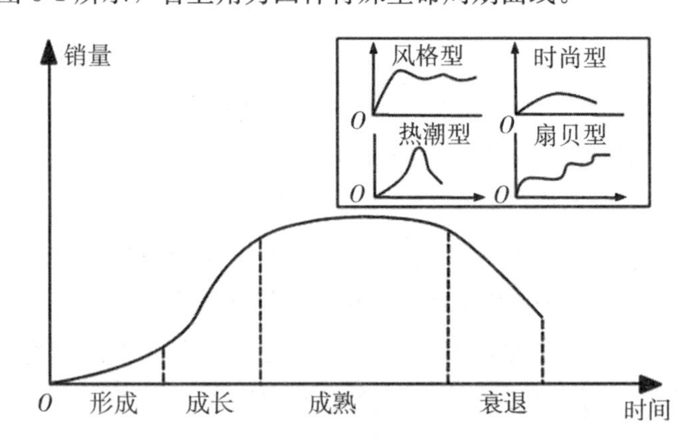

图 3-1 商品生命周期曲线

在推荐系统中，不仅要考虑推荐系统的发展时间还需要考虑物品自身的生命周期曲线，结合两者全面衡量物品的推荐价值。在为用户推荐时，相似性高的物品可能处于不同的发展阶段，考虑到物品的新颖性和用户的体验感，更倾向于为用户推荐综合流行性更高的物品。因此，为时间分配权重来衡量物品的发展阶段是推荐算法中必不可少的。

信息具有时效性的特点，如何为时间因素分配合理的权重是十分关键的问题。根据推荐系统中的信息数据量大多呈现指数增长的形式，本书提出了一种基于指数型的时间权重衰减模型来衡量时间权重。在连续的时间上，数据量和用户的出现情况无法预测和控制，并且在采集过程中难免会有缺失值和异常情况。本书采用数据分箱的方式将连续的时间离散为时间段。分箱法可以将波动数据分成几组平稳数据，离散后的模型会更稳定，能降低模型过拟合的风险。此外，离散化对异常数据有很强的鲁棒性，能够有效平滑数据并减少异常数据对整体的影响。按照数据集的起止时间将数据集的时间轴等距划分为 n 段，依次将时间段标记为 T_1，T_2，T_3，…，T_n ，如图 3-2 所示。然后根据指数函数建立时间权重衰减模型，即接近数据集最新时间的 T_1 区的权重分配为 1，将 T_2 区的权重分配为 1/2，将 T_3 区的权重分配为 1/4，依次类推，时间区距离最新时间越远权重越小。时间权重衰减模型的定义如下，将连续的时间等距分箱为 n 个有限区域，第 i 个时间区的权重大小为：

$$T_i = \frac{1}{2^{(i-1)}}，(i = 1，2，3，\cdots，n) \tag{3-1}$$

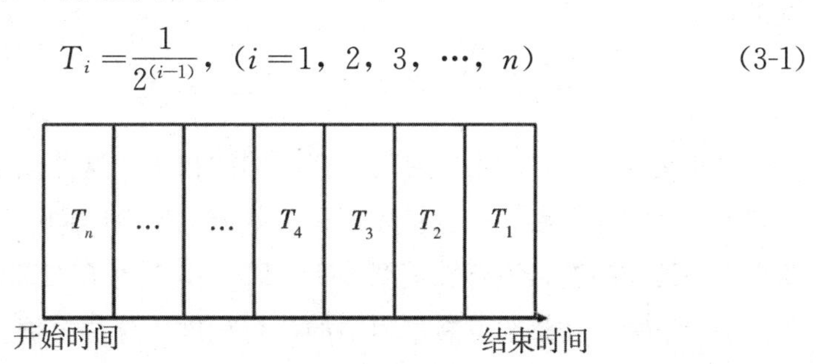

图 3-2　时间权重衰减模型

3.1.2　物品综合流行性模型

物品的流行程度一般体现在度数和出现时间上：物品度越大、出现时间越晚，物品的流行性越大，被推荐的概率越大。时间权重衰减模型将时间划分为相互独立的时间区，这些时间区对应了时间轴上不同的时间，若有某个用户选择了某个物品的事件发生，则该事件有且仅有一个时间区与之对应，各个时间区之间的事件相互不影响。可以将这些时间区看作相互独立的“箱子”，“箱子”中包含了出现在这个时间区中的所有物品。从这些“箱子”中随机抽取到物品 α 的概率可以看作物品 α 被推荐的概率。则这些“箱子”构成一个完备事件组 $\Omega=\{T_1, T_2, T_3, \cdots, T_n\}$，其中 $T_i T_j=(i \neq j, i, j=1, 2, 3, \cdots, n)$，$P(T_i)$ 表示在标号为“T_i”的“箱子”中抽取到物品的概率，则有

$$P(T_1)=P(T_2)=P(T_3)=\cdots=P(T_n)=\frac{1}{n} \tag{3-2}$$

在这些“箱子”中随机抽取物品且物品是 α 的事件记为 B。每个“箱子”中包含物品 α 的数量即物品 α 在该时间区出现的次数，出现的频率越高，则物品在该时间区的度数占物品总度数的比例越高，表示物品在该时间区越流行。则 $P(B \mid T_i)$ 代表物品 α 在标号为 T_i 的“箱子”中出现的概率：

$$P(B \mid T_i)=\frac{k_{i\alpha}}{k_\alpha}, \ (i=1, 2, 3, \cdots, n) \tag{3-3}$$

$k_{i\alpha}$ 表示物品 α 在 T_i 出现的度数，k_α 表示物品 α 的总度数。根据全概率公式，初步可得抽取到物品 α 的概率 $P(B)$，即物品 α 被推荐给用户的概率为

$$P(B)=\sum_{i=1}^{n} P(T_i) P(B \mid T_i)=\sum_{i=1}^{n}\left(\frac{1}{n} \times \frac{k_{i\alpha}}{k_\alpha}\right) \tag{3-4}$$

由前文分析可知，不同时间区有不同的权重，这些权重在不同程度上影响了物品的流行性。在全概率模型的基础上结合时间权重衰减模型，本章提出一种物品综合流行性模型（ComPI），以物品在二部图网络中的宏观变化来衡量物品在整个发展过程中的流行程度，算法根据物品的活跃情况挖掘物品在时间上的综合流行。如此，具有风格型或扇贝型生命周期的物品不会因为近期的增长不明显而被过早剔除，其定义为

$$S_{(\alpha)}=\sum_{i=1}^{n}\left(\sqrt{\frac{k_{i\alpha}}{k_\alpha}} \times \frac{1}{2^{(i-1)}}\right), \ (i=1, 2, 3, \cdots, n) \tag{3-5}$$

$S_{(\alpha)}$ 为物品 α 的综合流行性得分，分值越大，越有可能被推荐；反之，分值越小，物品被推荐的概率越小。物品综合流行性模型可以清楚地将等度数物品之间的流行程度区分开。例如，度数相同的两个物品，度数在时间权重较高区间所占比例较大的物品，综合流行性较高；度数在时间权重较低所占的比例较大的物品，综合流行性较低。它可以给发展期的物

品分配较高权重，而给衰退期的物品分配较低权重。

本章在物品综合流行性模型的基础上提出了一种与基准二部图推荐算法进行结合的实时推荐算法。这种实时推荐算法不受其他因素的影响，可以选用基准推荐算法进行结合。物品 α 在初次得到资源分配结果 $f'^{(i)}_{\alpha}$ 后，加入物品的综合流行性 $S_{(\alpha)}$ 修正物品 α 的资源得分，得到结果 $f'^{(i)}_{\alpha}$ ，公式为

$$f'^{(i)}_{\alpha}=S_{(\alpha)}\times f'^{(i)}_{\alpha}，(i=1，2，3，\cdots，n) \tag{3-6}$$

最后，将用户 i 修正后的 $f'^{(i)}$ 进行降序排列后，得到前 L 个物品生成最终的推荐列表。

3.2 实验结果

3.2.1 数据划分

推荐算法的好坏体现在算法预测网络中用户与物品连接的能力，传统的数据划分方法主要由训练集和测试集组成。通常情况下，十倍交叉验证将数据集随机等分为 10 份，轮流将其中 9 份作为训练数据，对应的 1 份作为测试数据。此外，训练集和测试集的比例也可以为 8∶2 或者 5∶5 等。这种划分方式可以有效减少误差但也存在不足：缺乏时序逻辑性。在随机抽取数据时可能会将用户的“未来行为”划分到用户的“历史行为”中。观察实际推荐系统能发现，数据集中会不断有新用户和新物品出现，传统划分方法可能导致新出现的物品（用户）被划分到训练集，而测试集缺失该物品（用户）。用于训练算法的数据比实际情况更多，这样的划分方式显然存在缺陷。

Zhang 等[50]提出了一种基于时序的数据划分方法。该方法将数据按照时间序列排序后选取合适的时间点，将时间点之前的所有数据划分到训练集，时间点之后的数据划分到测试集。通过多次移动时间点的位置进行多次分组实验，训练集与测试集的大小比例有 5∶5、6∶4 和 7∶3 等。推荐算法的性能随训练集与测试集大小比例的变化而变化。另一种考虑时间因

素的划分方法由 Vidmer 等[51]提出，数据集合时间的范围为$[0, T_m]$，随机选择一个时间点T_p，限制$T_p \in [0.8T_m, 0.9T_m]$，把$[0, T_p]$范围的数据作为训练集，将$[T_p, T_p+p]$的数据作为测试集，Δp 表示时间跨度，如图 3-3 所示。

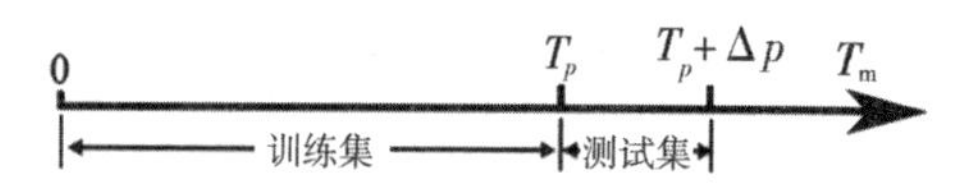

图 3-3　Vidmer **等人提出的数据划分方式**

但在这两种划分方式中，由于数据增长特性不同可能导致测试集大于训练集。在实际生活中，数据量的增长与时间并非单一的线性关系。例如，电商网站的交易量会根据节假日或电商节出现突增的情况。如图 3-4 所示，Netflix 数据集中的数据量随时间呈指数型增长，蓝色线表示对应时间的数据记录数，红色虚线为数据的整体增长趋势，呈现指数增长。因此，Δp 应该保持足够的长度让大量的物品能够被划分到测试集中，但也需要保持足够短，防止训练集中出现大量新物品。

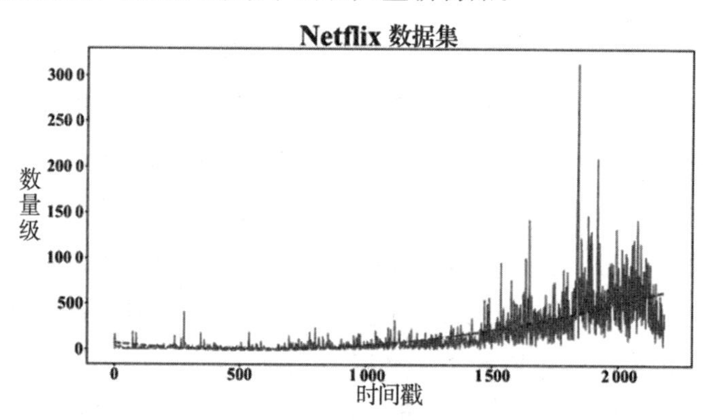

图 3-4　Netflix **数据集数据增长量**

除了要考虑实验数据的时间逻辑顺序还需要充分考虑数据的增长特性。在能够保证时间逻辑顺序的情况下，关注的重点是推荐算法利用已有的历史数据来预测网络结构演变的能力。因此，本次实验采用以下数据划分方法：首先将数据按照时间顺序进行排序，然后按照一定的数量比例将第 n 条数据前的所有数据放入训练集中，紧随其后，选取 $10\% \times n$（或 $20\% \times n$ 等）条数据作为训练集。既保证了测试集数据的时间戳在训练集数据之后，又保证了测试集有合适的大小。为了进行多组测试，选取数据集的前 50%的数据作为训练集，50%～55%的数据作为测试集；再选取数据集的前 60%作为训练集，60%～66%作为测试集；依此类推，最后到前 90%作为训练集，90%～99%作为测试集，一共划分五组数据。

3.2.2 ComPI 模型与基准算法结合

表 3-1 显示了将物品流行性模型运用于基准推荐算法的效果，选用了 HC、ProbS 和 CosRA 三个基准算法运用于四个数据集：MovieLens-100k、MovieLens-1M、E-commerce 和 Netflix-10000。实验按照本章划分的数据集进行五次独立实验，结果取平均值。此外，推荐列表 L 的长度均设置为 50，ComPI 模型选用时间段参数 $n=5$、$n=5$、$n=60$ 和 $n=25$ 分别对应四个数据集。带有后缀“ComPI”的表示在基准算法上加入物品综合流行性模型。

可以看出基准算法结合 ComPI 模型后，无论是在准确性方面还是多样性方面都有大幅度提高。从四个数据集的整体结果可得，在准确性方面，有提升的指标为 Precision，有显著增长的指标为 AUC、Recall 和 MAP。在多样性方面，Intra-similarity 和 Novelty 提升效果显著。

在数据量较小而密度较高的 MovieLens 的两个数据集上，保证准确性有提升的情况下，多样性提升更加显著。ComPI 模型应用于多样性较好的 HC 算法后，Novelty 数值减少了约 50%；

在数据量大而密度较小的 Netflix-10000 的数据集上，准确性的提升更为显著。基于 CosRA 算法改进后，最高的 Precision 值达到 0.042 0，提升幅度约 18%；MAP 值最高达 0.088 9，提升的幅度为 52.93%；

在 Netflix-10000 和 E-commerce 数据集上，与 ComPI 模型结合后，算法在准确性方面都能达到最优，多样性方面也有良好的效果。可见 ComPI 算法适用于基准算法，能有效提升原基准算法的综合性能。

表 3-1　ComPI 模型与基准算法在四个数据集上的对比实验结果

MovieLens-100k	AUC	P	R	MAP	H	I	N
HC	0.658 0	0.013 5	0.057 0	0.002 1	0.847 1	0.058 7	17
HC_ComPI	0.680 1	0.016 5	0.150 3	0.003 6	0.608 4	0.056 4	7
ProbS	0.778 3	0.065 1	0.253 3	0.022 6	0.621 5	0.392 3	185

续表

MovieLens-100k	AUC	*P*	*R*	MAP	*H*	*I*	*N*
ProbS _ ComPI	0.804 9	0.067 5	0.294 8	0.024 7	0.628 8	0.374 5	179
CosRA	0.782 3	0.062 5	0.259 4	0.020 5	0.724 3	0.362 5	164
CosRA _ ComPI	0.819 0	0.064 8	0.335 8	0.026 3	0.704 9	0.325 5	149
MovieLens-1M	AUC	*P*	*R*	MAP	*H*	*I*	*N*
HC	0.795 7	0.014 3	0.039 7	0.001 3	0.706 3	0.027 6	87
HC _ ComPI	0.850 0	0.011 8	0.061 9	0.001 6	0.578 3	0.023 5	34
ProbS	0.837 4	0.116 9	0.162 9	0.029 8	0.509 3	0.429 3	1 289
ProbS _ ComPI	0.850 1	0.117 6	0.176 9	0.029 6	0.509 3	0.421 5	1 281
CosRA	0.846 4	0.117 1	0.171 0	0.029 3	0.587 4	0.406 7	1 219
CosRA _ ComPI	0.865 0	0.117 8	0.207 4	0.029 3	0.583 7	0.383 4	1 187
Netflix-10000	AUC	*P*	*R*	MAP	*H*	*I*	*N*
HC	0.817 3	0.000 6	0.005 6	0.000 6	0.320 5	0.005 9	3
HC _ ComPI	0.814 0	0.006 8	0.081 8	0.004 0	0.320 5	0.006 6	12
ProbS	0.872 6	0.034 9	0.202 6	0.057 0	0.302 9	0.411 1	1 515
ProbS _ ComPI	0.894 1	0.039 8	0.267 0	0.076 2	0.301 0	0.385 5	1 449
CosRA	0.880 1	0.035 6	0.219 8	0.058 1	0.562 4	0.367 0	1 415
CosRA _ ComPI	0.904 4	0.042 0	0.324 7	0.088 9	0.320 5	0.295 9	1 196
E-commerce	AUC	*P*	*R*	MAP	*H*	*I*	*N*
HC	0.685 7	0.014 4	0.033 0	0.003 5	0.969 6	0.032 5	29
HC _ ComPI	0.750 4	0.026 8	0.056 3	0.012 8	0.680 0	0.046 5	23
ProbS	0.717 6	0.032 9	0.069 0	0.021 5	0.510 6	0.205 8	357
ProbS _ ComPI	0.765 6	0.040 3	0.081 5	0.028 5	0.479 3	0.203 8	341
CosRA	0.721 6	0.034 4	0.073 5	0.026 9	0.682 1	0.196 2	313
CosRA _ ComPI	0.784 8	0.053 2	0.109 1	0.042 1	0.674 5	0.168 8	253

3.2.3 ComPI 模型与基于时效性算法对比

除了将 ComPI 应用于基准推荐算法，本章还将 ComPI 模型与基于时效性的算法（简称 T 算法）进行对比。确保对比实验的公平准确，将两种算法运用于按照 T 算法提出的数据划分方法划分的训练集和测试集，划分方法见 3.2.1 节。数据集选用 MovieLens-1M 和 Netflix-10000，数据由小到大划分五组进行独立实验。基准算法采用了 ProbS、CosRA 和 HC 算法。其中，ComPI 模型的时间分段 n 分别为 5 和 60，推荐列表的长度 $L=50$。在图 3-3 和图 3-4 中，基准算法由绿色线表示，红色线表示与物品综合流行性模型结合（后缀为 ComPI），蓝色线表示与 T 算法结合（后缀为 T）。

在 MovieLens-1M 数据集上，训练集大小从 50%增长到 90%，所有算法的 Precision 和 MAP 指标先增加后减小；Recall 呈上升趋势而 Intra-similarity 效果呈下降趋势（Intra-similarity 指标值越小越好），如图 3-5 所示。基于 ComPI 模型算法的 Precision、Recall、MAP 和 Intra-similarity 指标整体与基于 T 算法的指标相似。但 ComPI 模型在训练集大小为 50%时提升效果最显著，ComPI 模型对 Recall 指标在 CosRA 算法上提升较为显著，对 MAP 指标在 HC 算法上提升较为显著。ComPI 模型对于多样性指标 Intra-similarity 的改进，在 ProbS 和 CosRA 算法上表现较为优异。

从图 3-6 中可以看出，不同于在 MovieLens-1M 数据集上的略微提升，ComPI 算法在 Netflix-10000 数据集上表现比较突出，在训练集变化的过程中，对基准算法的提升都明显优于 T 算法，无论是准确性指标还是多样性指标均有较大优势。

综合以上实验结果可得，在具有时序因素划分的数据集上，本书提出的 ComPI 模型能够更全面地考虑物品的受欢迎程度，在提升准确性的同时大幅度提升多样性和新颖性。在向用户推荐最近流行的商品时，短时期内流行程度较高的商品没有被过度推荐，近期流行程度较低的商品也没有被过度抑制。可以看出 ComPI 模型对于具有不同生命周期的物品有更准确的权重分配功能。

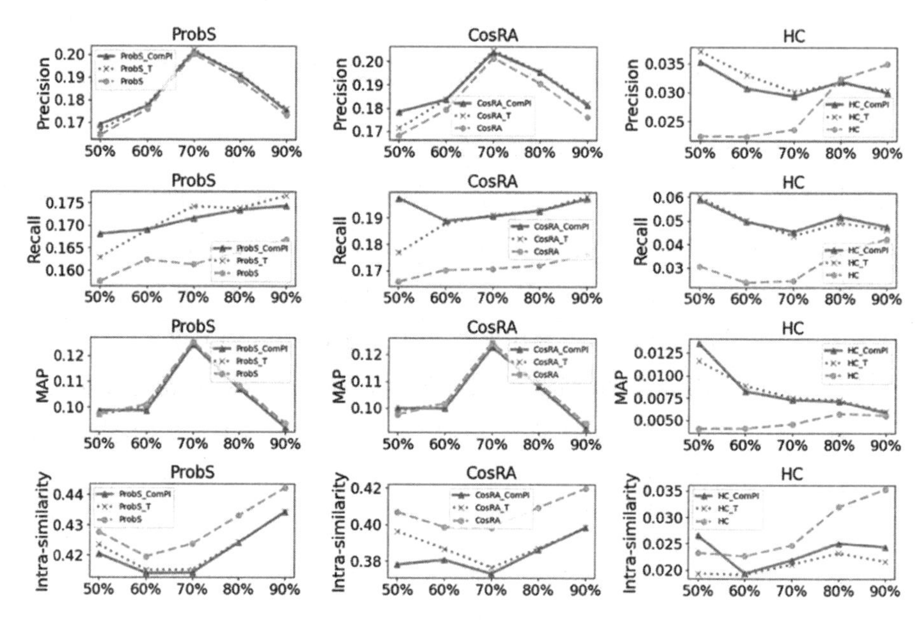

图 3-5　MovieLens-1M 数据集上的实验对比结果

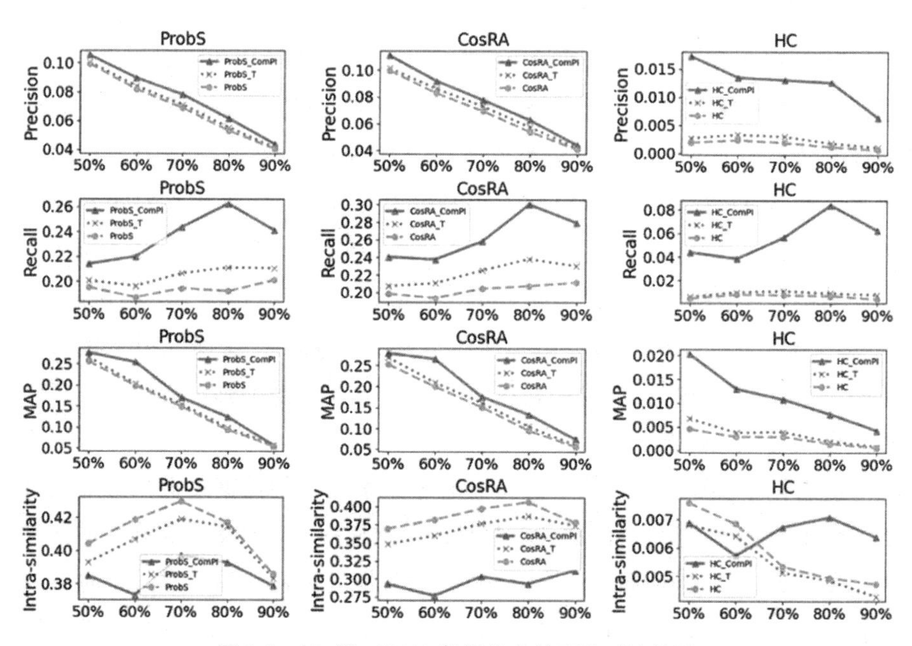

图 3-6　Netflix-10000 数据集上的实验对比结果

3.2.4　ComPI 模型与最近度增加算法对比

如同上节实验，本节将 ComPI 模型与 DI 算法进行对比实验。选用 DI

算法论文中提及的Netfilx-2000数据集，按照其论文中提出的划分方法划分训练集和测试集，划分方法见3.2.1节。根据数据的时间特性，选择一天作为时间间隔，将训练集时间戳的后一天的数据作为测试集，并将两种算法应用于ProbS和CosRA基准算法上。其中，推荐列表长度为50，后缀为“DI”和“ComPI”的算法分别对应DI算法和ComPI算法。

在Netflix-2000数据集上，当ComPI算法时间段n为80，DI算法的参数τ为10时，两种算法在数据集上表现最优。如表3-2所示。

在基于ProbS算法的基础上，DI对于算法性能的改进优于ComPI算法，在Recall、MAP、Intra-similarity以及Novelty值上均达到最高，尤其是Recall和MAP的提升效果显著。ComPI算法对于原ProbS基准算法有提升效果，但不同于DI算法多样性方面的大幅度提升，ComPI算法提升效果较为平稳。

在基于CosRA算法的基础上，DI算法对于基准算法的改进却不如ComPI算法。ComPI算法在AUC、Precision、MAP、Novelty上均达到最优，DI算法较为突出的改进依旧在Recall和Intra-similarity上。

根据以上结果可得，ComPI模型对于基准算法都能稳定提升，具有良好的普适性，提升效果不因基准算法的改变出现较大的差异和波动，主要偏向于为用户推荐比较新颖的物品。DI算法注重网络增长的微观规律，着重于近期内物品度的变化，而本书所提出的算法着重于物品在网络中的整体规律，在考虑物品近期内流行度的前提下，还参考了物品在其他时间段的流行程度。ComPI模型并不完全专注于推荐最近流行的商品，这改善了推荐系统中的营销近视症问题，所以能稳定提高算法的准确性。

表3-2 ComPI算法与DI算法在Netflix-2000数据集上的实验结果

Netflix-2000	AUC	*P*	*R*	MAP	*H*	*I*	*N*
ProbS	0.830 5	0.014 6	0.097 3	0.001 6	0.573 7	0.468 7	499
ProbS _ DI	0.850 1	0.016 3	0.241 6	0.004 7	0.465 4	0.309 1	356
ProbS _ ComPI	0.846 9	0.016 3	0.122 6	0.001 5	0.544 8	0.435 7	474
CosRA	0.837 1	0.013 9	0.102 4	0.001 1	0.670 0	0.440 2	462
CosRA _ DI	0.836 3	0.008 3	0.183 6	0.002 9	0.452 1	0.050 6	40
CosRA _ ComPI	0.852 4	0.013 9	0.172 8	0.003 9	0.564 1	0.329 1	362

3.2.5 ComPI 模型的综合对比分析

上述几个实验将 ComPI 模型应用于不同划分形式的数据集，并与不同特性的推荐算法进行对比。为了更加全面对比各算法在各条件下的性能，本节将 DI 算法、T 算法以及 ComPI 算法应用于相同数据集，数据集按 3.2.1 节的方法划分。以 CosRA 算法为基准算法，选用数据特性差异较大的 MovieLens-100k 和 Netflix-10000 数据集进行实验，推荐列表长度均设置为 50。

在 MovieLens-100k 数据集上，DI 算法在时间间隔 τ 为 1 000 000 时效果最佳，ComPI 算法在时间段参数 $n=5$ 时推荐效果较好；在 Netflix-10000 数据集上，DI 算法在时间间隔 τ 为 10 000 时效果最佳，ComPI 算法在时间段的参数 n 为 60 时效果较优；在 E-commerce 数据集上，DI 算法的时间间隔 τ 选 1 000 000，ComPI 的参数 n 选择 25；在 MovieLens-1M 数据集上，DI 算法的时间间隔 τ 选 10 000，ComPI 算法的参数 n 为 5。

从表 3-3 中可以看出，本书提出的 ComPI 实时推荐算法在 AUC、Recall 和 MAP 指标上均能达到最优值，在三种包含时间因素的推荐算法中，推荐的准确性方面最为突出。在三种具有时间因素的算法中，ComPI 算法对于基准算法准确性的提升最为显著，AUC 高达 0.904 5；Precision 指标最高为 0.042；Recall 指标提高到 0.324 7；MAP 指标为 0.088 9。多样性方面仍是 DI 算法表现最为优异，ComPI 算法多样性的提升虽然不及 DI 算法，但相对于 T 算法仍具有较大优势，在 Intra-similarity 和 Novelty 指标上的效果始终优于 T 算法。

对比实验表明 ComPI 算法对于基准算法性能的改进更加全面稳定，在提升准确性的同时改进多样性。此外，ComPI 实时推荐算法适用于多种数据集，具有较强的鲁棒性，算法性能不因划分方法的改变而有较大差异，在数据量大且数据密度较为稀疏的数据集上提升效果更显著，更加贴合实际应用情景。

表 3-3　ComPI 算法、DI 算法与 T 算法的综合分析对比结果

MovieLens-100k	AUC	*P*	*R*	MAP	*H*	*I*	*N*
CosRA _ DI	0.798 5	0.049 8	0.319 6	0.022 7	0.609 9	0.191 6	85
CosRA _ T	0.814 5	0.065 0	0.314 8	0.024 9	0.718 1	0.339 9	154
CosRA _ ComPI	0.819 0	0.064 8	0.335 8	0.026 3	0.704 9	0.325 5	149
Netflix-10000	AUC	*P*	*R*	MAP	*H*	*I*	*N*
CosRA _ DI	0.883 2	0.030 8	0.293 3	0.075 8	0.454 1	0.102 6	536
CosRA _ T	0.889 1	0.037 3	0.247 9	0.062 7	0.320 5	0.369 3	1 387
CosRA _ ComPI	0.904 5	0.042 0	0.324 7	0.088 9	0.320 5	0.295 9	1 196
E-commerce	AUC	*P*	*R*	MAP	*H*	*I*	*N*
CosRA _ DI	0.772 4	0.050 2	0.099 8	0.039 1	0.527 5	0.111 5	130
CosRA _ T	0.766 5	0.044 4	0.093 1	0.030 6	0.707 0	0.190 3	284
CosRA _ ComPI	0.784 8	0.053 2	0.109 1	0.042 1	0.674 5	0.168 8	253
MovieLens-1M	AUC	*P*	*R*	MAP	*H*	*I*	*N*
CosRA _ DI	0.800 7	0.033 4	0.052 1	0.003 9	0.421 0	0.130 7	275
CosRA _ T	0.860 7	0.117 6	0.194 0	0.029 4	0.590 5	0.389 1	1 193
CosRA _ ComPI	0.865 0	0.117 8	0.207 4	0.029 3	0.583 7	0.383 4	1 187

一般来说，具有不同生命周期的物品在时间上和度数上的特征不同。具有风格型和扇贝型生命周期的物品在推荐系统中时间跨度较长且度数较大；具有热潮型的物品时间跨度较短但度数较大；时尚型的物品和热潮型物品相似但时间跨度较长。用 MovieLens-100k 上的实验结果分析三个算法推荐的物品，如图 3-7 所示，横轴为物品在训练集中的时间跨度（物品最后出现的时间戳减去物品首次出现的时间戳），纵轴为物品的度数。ComPI 算法、T 算法和 DI 算法推荐的物品分别用红色圆点、绿色方块和蓝色三角表示。

图 3-7 中可以观察到三个算法主要推荐时间跨度长的物品，其中，ComPI 算法还充分考虑到了时间跨度不长，但是具有推荐价值的物品，如图 3-7 下侧部分所示，下侧部分的红色圆点分布多于其他两种点。而 DI 算

法集中于物品近期的变化，会为度数较小的物品分配较高的得分，图中右下角蓝色三角分布较多，反映出 DI 算法推荐结果的多样性较好。经过分析认为 ComPI 算法能根据物品发展规律衡量物品的综合流行型。

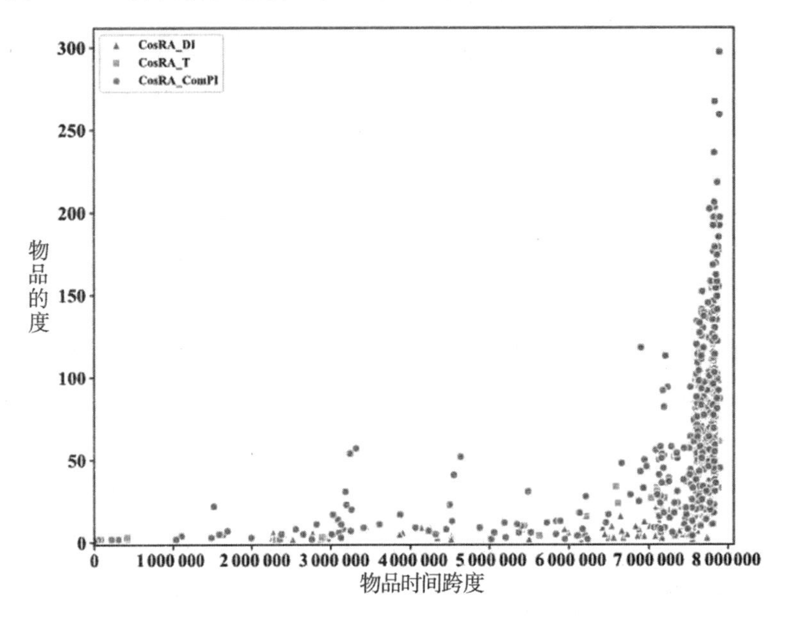

图 3-7　DI 算法、T 算法和 ComPI 算法推荐的物品分布

3.3　实验分析

3.3.1　时间权重的影响

在基于物品综合流行性的模型中将连续的时间离散化，通过引入一个分段参数 n 来灵活调整时间权重。具有不同时间跨度的数据集的 n 取值不同。为了分析时间权重分配对于 ComPI 模型的影响，本节建立了连续型的指数时间权重衰减模型 $C(t)$ 与离散型的时间权重衰减模型进行对比。

连续型的时间权重衰减模型将时间戳映射到［0，1］之间，即 $C(t)=e^{t-1}$，参数 t 表示物品的时间戳映射到［0，1］区间的值，$C(t)$ 表示物品在 t 时刻对应的时间权重。将物品出现的所有时间权重进行累加得到最终

的流行性得分 $S'(\alpha)=\sum C(t)$ 。选用 MovieLens-100k 数据集和 Netflix-10000 数据集进行实验，ComPI 模型的时间分段参数分别为 $n=5$ 和 $n=60$，推荐列表均为 50。实验结果如表 3-4 所示，连续型模型后缀为"EXP"，离散型模型后缀为"Bining"。

表 3-4　连续型模型与离散型模型的对比

MovieLens-100k	AUC	*P*	*R*	MAP	*H*	*I*	*N*
CosRA _ EXP	0.796 4	0.068 0	0.278 2	0.024 6	0.544 9	0.397 3	190
CosRA _ Binning	0.819 0	0.064 8	0.335 8	0.026 3	0.704 9	0.325 5	149
Netflix-10000	AUC	*P*	*R*	MAP	*H*	*I*	*N*
CosRA _ EXP	0.865 3	0.031 2	0.158 3	0.050 1	0.297 1	0.416 6	1 498
CosRA _ Binning	0.904 4	0.042 0	0.324 7	0.088 9	0.320 5	0.295 9	1 196

由实验结果得，连续型的时间权重模型在准确性 Precision、Recall、MAP 指标上均低于离散型的时间权重模型，多样性方面也无优异表现。这是因为在连续的指数函数模型上时间权重始终贴合指数函数，权重的分配较为固定。而在离散型的时间权重模型中，时间权重根据时间区分箱数量的改变而改变，时间区宽度越大权重差异越小。根据上述分析，基于离散型的时间权重衰减模型能够更合理地分配时间权重，更适合 ComPI 实时推荐算法。

3.3.2　分箱数量的影响

本节讨论时间权重衰减模型中参数 n 对于 ComPI 模型的影响。在分箱过程中，分箱数量（n）过少会导致各时间段的权重无明显差异，分箱数量（n）过多会导致权重衰减过快。本节在一定取值范围内改变 n 的大小进行多组实验发现：ComPI 算法的准确性指标随着 n 值的增大先增加后平稳，多样性指标也随着 n 值的增加先下降后趋于平稳。本节中将 ComPI 模型运用于 CosRA 基准算法，以 Netflix-10000 和 MovieLens-1M 作为测试数据集。

如图 3-8 所示，在 Netflix-10000 数据集上 n 的取值范围为［0，100］，Precision 和 Recall 值的趋势大致相同，随 n 的递增而增长，当 n 大于 50

时，Precision 值稳定在 0.042，Recall 值稳定在 0.32 左右，多样性指标 Novelty 和 Intra-similarity 也在分别趋于 1 195 和 0.295。

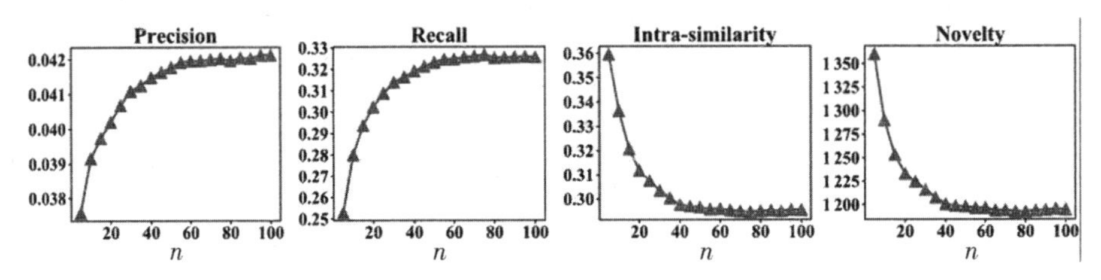

图 3-8　Netflix-10000 **数据集上四个指标随** n **值的改变**

由图 3-9 可见，在数据集 MoiveLens-100k 上 n 的取值范围为 [1, 15]，在 n 值大于 5 后，指标 Precision 围绕 0.064 5 上下波动；Recall 在 $n=5$ 之前上升快速，随后稳定在 0.325 左右；Intra-similarity 和 Novelty 值随着 n 增加而减小，整体呈现下滑趋势直到末端逐渐趋于平稳。

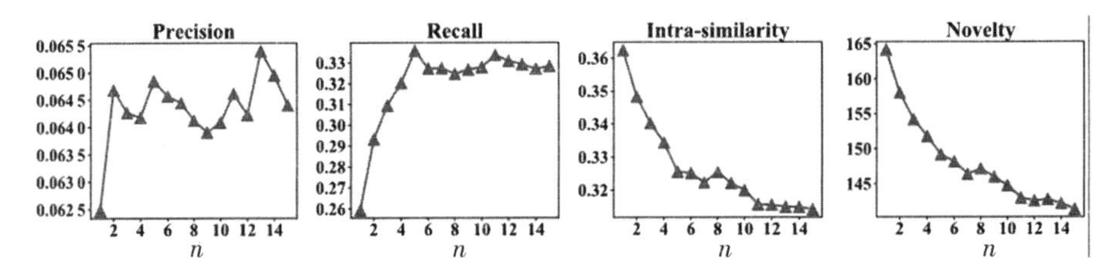

图 3-9　MovieLens-100k **数据集上四个指标随** n **值的改变**

此外，当两组实验的 n 趋于无限大时，ComPI 算法的准确性指标会逐渐下降而多样性指标 Novelty 随着 n 的增大而减小。由此可见，在 ComPI 实时推荐算法中时间区域的数量 n 对算法的影响较大，在一定范围内，算法的多样性和准确性随着时间区域的增加先提升最后趋于稳定。在实际的应用中，需要根据数据集的时间跨度选择合适的时间区域数量。

3.3.3　数据特性的影响

本章发现 ComPI 模型在多个数据集上实验后，在 Netflix 数据集上的提升效果最好。分析数据集可以发现数据的增长过程一般有："S" 形增长、指数型增长和线性增长。

图 3-10 展示了三种数据集中数据量随时间的变化的过程，MovieLens-1M 数据集有明显的 "S" 形增长，MovieLens-100k 数据主要呈线性增长，而 Netflix 数据集有明显的指数型增长。"S" 形增长的数据整体较为稳定，

新增物品个数较少，物品变化趋势大致相同；指数型增长也称“J”形增长，数据集中新增物品较多，物品具有多样化的增长情况。

结合3.2节的实验结果可知，ComPI实时推荐算法在具有线性增长特性的MovieLens-100k数据集上的提升效果要优于具有“S”形增长特性的MovieLens-1M数据集上的提升效果。特别地，在3.2.2节的实验中训练集与测试集在按照50%和50%划分时，训练集整体呈指数增长，ComPI算法相对其他四组实验有大幅度提升效果；在Netflix数据集上，ComPI算法在准确性、多样性和新颖性上提升效果最为显著。

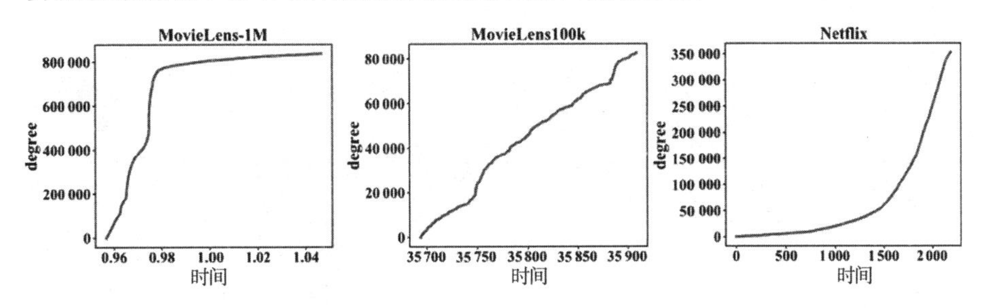

图3-10　三种数据集中物品随时间的数量增加

“S”形曲线（S-curve）是社会学、生物统计学、市场营销等领域中常见的分析模型。一般来说，呈现“S”形增长的物品处于在市场发展中的衰退期，该物品的市场需求量远不及处于成长阶段物品的需求量，这类物品的推荐得分应该被抑制。呈现指数型增长的物品一般处于发展过程中的成长期，市场需求量较大，应适当提升推荐得分。具有指数型增长的数据能更真实地反映推荐系统中新用户和新物品不断产生的情况，更加贴合实际，有实用价值。在研究过程中，应偏重如何在具有指数型增长特性的数据集上提升算法的性能。结合3.2.4节的结果可以看出T算法、DI算法和ComPI算法在具有“S”形增长的数据上表现出的效果差异不大，而在具有指数型增长特性的数据集上，ComPI算法表现最突出。ComPI实时推荐算法在具有指数增长特性的数据集上表现更为突出，在应用过程中更加贴合实际。

3.3.4　时间信息与资源分配

本节进一步研究物品在算法中的资源得分与物品的时间信息关系，有以下发现：①大多数算法中被推荐的物品个数只占总物品数的30%左右；

②被推荐的物品主要是大度数物品；③大多数被推荐的物品的时间信息较新。

将推荐列表中每个物品的资源得分进行累加，再将每个物品的时间戳进行累加，分析两种因素之间的关系。如图 3-11 所示，图中（a）、（b）、（c）、（d）分别为 CosRA 算法、CosRA _ ComPI 算法、HC 算法和 HC _ ComPI 算法在 MovieLens-100k 数据集上的表现（ComPI 算法的参数 n 为 5）。红色圆点代表被推荐的物品，蓝色三角形代表未被推荐的物品，饼图表示两者数量占比。

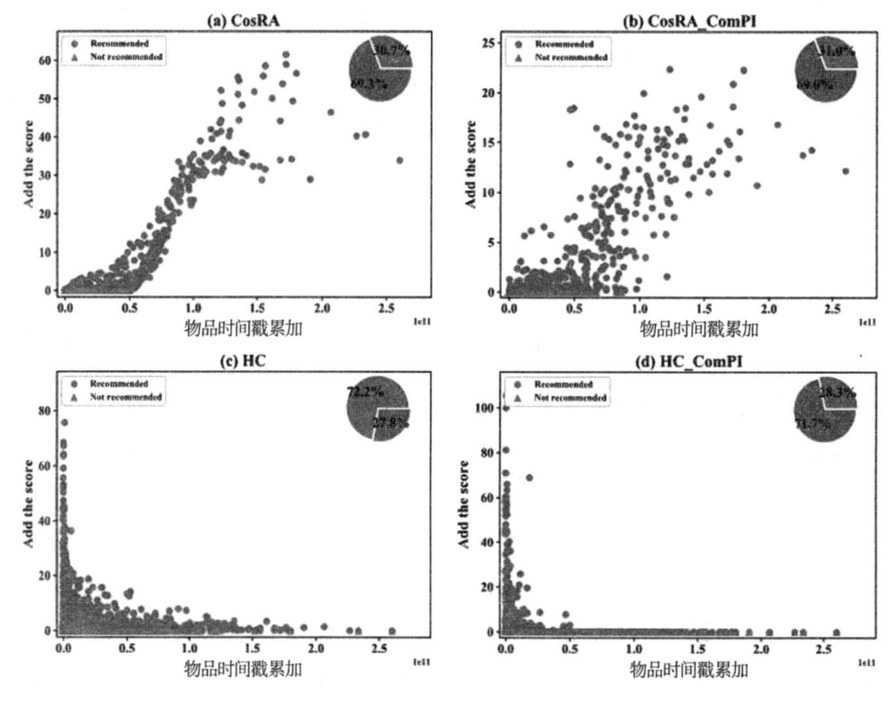

图 3-11　多个算法中物品的资源得分和时间信息得分分布

CosRA 算法的准确性较为优秀，被推荐物品的时间信息得分与推荐资源得分呈正比关系并且推荐的物品只占总物品个数的 30%左右，如图 3-11 中（a）部分所示；CosRA _ ComPI 算法中被推荐的物品约占总数的 30%，被推荐物品的时间信息得分和资源得分大致呈现正比关系，相对于图 3-11（a）分布较为稀疏，部分物品的时间信息得分较低却有较高的推荐得分，部分物品的时间信息得分高而资源得分却低，如图 3-11（b）中部分所示。

HC 算法的多样性较优异，物品的资源得分与时间信息得分呈现反比例关系，可见 HC 算法偏向于小度数物品，被推荐的物品占总数的 70%左右，如图 3-11（c）所示；HC _ ComPI 算法在 HC 算法的基础上减少了推荐物品的总个数，被推荐物品的个数占总物品数的 30%左右，主要偏向推荐度小的物品，如图 3-11（d）所示。HC _ ComPI 算法能在减少推荐物品总个数的基础上，提高原算法的准确性和多样性（见 3.2.1 节结果）。

综合上述分析，准确性较高的推荐算法主要偏向为用户推荐近期较流行的物品，并且这些物品约占总物品个数的 30%。本书提出的基于物品综合流行性的推荐算法在为用户推荐物品时，物品得分更合理，对于不够热门但具有一定市场的物品，不会过于抑制；对于处于发展末期但市场占比高的物品，不会过于关注，有效地平衡了推荐列表中的物品准确性与多样性的关系。

3.4 基于神经网络解决冷启动问题的推荐研究

推荐的前提需要建立在用户的兴趣爱好上，如果无法了解用户的喜好，推荐就难以成功。在面对冷启动问题时，最重要的任务是从多个角度挖掘和预测用户的偏好。虽然人与人之间的兴趣爱好不可能完全相同，但在一些特征上能够大致反映出用户的偏好。例如，不同年龄阶段的用户喜欢的电影类型不同，大多数儿童偏向于选择动画电影，对于纪录片、悬疑片的喜爱程度较低；而大龄用户选择纪录片、悬疑片的数量相较于低龄用户的偏多。

常见的冷启动问题是能得到用户的特征向量却无法获取到用户的偏好向量。解决冷启动问题的思路即挖掘用户特征和用户偏好之间蕴含的关系，通过特征信息准确预测到用户的偏好。通过构建参数系统，来求解两个因素之间的关系。此外，用户和物品的关系在二部图网络结构中一般用连线表示，通过扩展网络结构，利用节点关系来描述用户与物品的关系，将其构建为特征图片利用神经网络来挖掘特征。本章通过神经网络结构挖掘用户与物品的潜在特征，利用不同的神经网络系统来解决冷启动问题。

3.4.1 基于BP神经网络解决冷启动的推荐模型

1. BP神经网络与极大似然估计

在真实的推荐系统中，用户的偏好分布可以描述为 $P(\boldsymbol{x})$ ，$\boldsymbol{x}$ 是用户的特征向量，需要通过 $\boldsymbol{x}$ 向量得到用户偏好的分布 P_{true} 。偏好分布可以假设为 $P(\boldsymbol{x} \mid \theta)$ ，表示由参数 θ 控制的分布，θ 即为分布的参数系统，如图3-12所示。

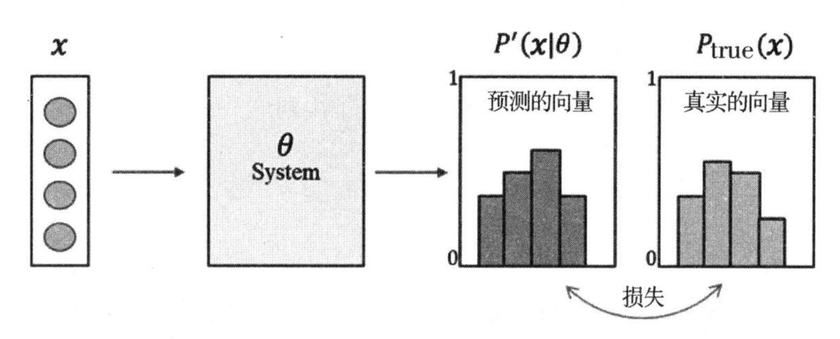

图 3-12 用户偏好预测模型

根据真实的推荐系统可以得到已经存在的分布数据 $D=\{x_1, x_2, \cdots, x_m\}$ ，此时，可以采用极大似然估计的思想计算似然 $P(\boldsymbol{x} \mid \theta)$ 。不同于概率根据已得到的条件信息推测某个结果发生的可能性，似然是已知结果反推原因。似然函数表示观察到的真实数据在不同参数下的发生概率，而极大似然估计就是在寻找最优参数。极大似然估计类似于反向推导，利用已经得到的样本结果信息反推导致这些结果出现的参数值。需要找到最优参数 θ' 来优化似然 $P(\boldsymbol{x} \mid \theta)$ ，等价于最大似然估计的求解过程，进一步等价于最大化 log 似然，有 m 个数据从真实的用户特征集 D 中取得，求解最大似然函数：

$$\theta' = \arg\max_{\theta} \text{Lik}(\theta) = \arg\max_{\theta} \prod_{i=1}^{m} P(x_i \mid \theta) \tag{3-7}$$

当 $\boldsymbol{\theta}$ 是一个包含多个分量的位置向量时，$\boldsymbol{\theta} = [\theta_1, \theta_2, \theta_3, \cdots, \theta_m]^{\mathrm{T}}$ ，记梯度算子：

$$\nabla_{\boldsymbol{\theta}} = \left[\frac{\partial}{\partial \theta_1}, \frac{\partial}{\partial \theta_2}, \frac{\partial}{\partial \theta_3}, \cdots, \frac{\partial}{\partial \theta_m}\right]^{\mathrm{T}} \tag{3-8}$$

如果似然函数连续可导，则极大似然估计量即为以下方程的解：

$$\nabla_{\boldsymbol{\theta}} H(\boldsymbol{\theta}) = \nabla_{\theta} \ln \mathrm{Lik}(\boldsymbol{\theta}) = \sum_{i=1}^{m} \nabla_{\theta} \ln P(x_i \mid \boldsymbol{\theta}) \tag{3-9}$$

寻找 θ' 即等价于真实用户特征向量 $\boldsymbol{x}$ 在 P 中分布的 log 似然的期望，推导后即为求概率积分，转化为积分运算。在求解 θ' 的过程中：

$$\begin{aligned}
\theta' &= \arg\max_{\boldsymbol{\theta}} \prod_{i=1}^{m} P(\boldsymbol{x} \mid \boldsymbol{\theta}) \\
&= \arg\max_{\boldsymbol{\theta}} \log \prod_{i=1}^{m} P(\boldsymbol{x} \mid \boldsymbol{\theta}) \\
&= \arg\max_{\boldsymbol{\theta}} \prod_{i=1}^{m} P(\boldsymbol{x} \mid \boldsymbol{\theta}) \\
&= \arg\max_{\boldsymbol{\theta}} \sum_{i=1}^{m} \log P(\boldsymbol{x} \mid \boldsymbol{\theta}) \\
&\approx \arg\max_{\boldsymbol{\theta}} E_{\boldsymbol{x} \sim P_{\mathrm{true}}} [\log P(\boldsymbol{x} \mid \boldsymbol{\theta})] \\
&= \arg\max_{\boldsymbol{\theta}} \int_{\boldsymbol{x}} P_{\mathrm{true}}(\boldsymbol{x}) \log P(\boldsymbol{x} \mid \boldsymbol{\theta}) \mathrm{d}\boldsymbol{x} - \int_{x} P_{\mathrm{true}}(\boldsymbol{x}) \log P_{\mathrm{true}}(\boldsymbol{x}) \mathrm{d}\boldsymbol{x} \\
&= \arg\max_{\boldsymbol{\theta}} \int_{x} P_{\mathrm{true}}(\boldsymbol{x}) (\log P(\boldsymbol{x} \mid \boldsymbol{\theta}) - \log P_{\mathrm{true}}(\boldsymbol{x})) \mathrm{d}\boldsymbol{x} \\
&= \arg\min_{\boldsymbol{\theta}} \int_{x} P_{\mathrm{true}}(\boldsymbol{x}) \log \frac{P_{\mathrm{true}}(x)}{P(\boldsymbol{x} \mid \boldsymbol{\theta})} \mathrm{d}\boldsymbol{x} \\
&= \arg\min_{\boldsymbol{\theta}} \mathrm{KL}(P_{\mathrm{true}}(\boldsymbol{x}) \,||\, P(\boldsymbol{x} \mid \boldsymbol{\theta}))
\end{aligned} \tag{3-10}$$

在上述公式中提取共有项，括号内求最大值变为求最小值，此时转化为相对熵求解（KL ddivergence）来衡量两个概率分布之间的不同程度。值得一提的是在线性回归问题中，自变量 x 和预测变量 y 存在如下的关系：

$$y = w_0 x_0 + w_1 x_1 + \cdots + w_m x_m \tag{3-11}$$

即

$$h_w(x) = y = \sum_{i=0}^{m} w_i x_i \tag{3-12}$$

其中，w_i 代表每个特征的权重，x_i 表示每个特征的值。真实值 y 与预测值 $h(x)$ 会产生一个误差 ε ：

$$\varepsilon = y - h(x) \tag{3-13}$$

误差又服从高斯分布，能够得到如下的概率密度函数：

$$P(\varepsilon) = \frac{1}{\sigma\sqrt{2\pi}} \mathrm{e}^{-(\frac{\varepsilon 2}{2\sigma 2})} \tag{3-14}$$

可以进一步推得：

$$P(y \mid h(x))=\frac{1}{\sigma\sqrt{2\pi}}\mathrm{e}^{-\left(\frac{(y-h(x))2}{2\sigma 2}\right)} \tag{3-15}$$

则似然函数为

$$\mathrm{Lik}(h(x))=\prod_{i=1}^{m}P(y_i \mid h(x_i))=\prod_{i=1}^{m}\frac{1}{\sigma\sqrt{2\pi}}\mathrm{e}^{-\left(\frac{(yi-h(xi))2}{2\sigma 2}\right)} \tag{3-16}$$

两边同取对数可得：

$$\ln(\mathrm{Lik}(h(x)))=\ln\left(\prod\nolimits_{i=1}^{m}P(y_i \mid h(x_i))\right)=\sum_{i=0}^{m}\ln\left(\frac{1}{\sigma\sqrt{2\pi}}\mathrm{e}^{-\left(\frac{(yi-h(xi))2}{2\sigma 2}\right)}\right)$$

$$=m\times\ln\left(\frac{1}{\sigma\sqrt{2\pi}}\right)-\frac{1}{2\sigma^2}\sum_{i=0}^{m}(y_i-h(x_i))^2 \tag{3-17}$$

根据公式推导可以得到 $m\times\ln\left(\frac{1}{\sigma\sqrt{2\pi}}\right)$ 是一个常数项，为了求得最大值，需要求得 $\frac{1}{2\sigma^2}\sum_{i=0}^{m}(y_i-h(x_i))^2$ 的最小值，而此处的公式即为最小二乘法。在神经网络中，最小二乘法的求解就是权重参数的确定，最常见的BP神经网络就是经典的代表，其收敛快速、灵活性高。BP神经网络利用最小二乘法并采用梯度搜索技术，来使网络的预测值与真实值之间的误差平方和最小。

2. BP神经网络训练过程

对于如何寻找最合理的参数 θ'，可以假设 $P(\boldsymbol{x} \mid \theta)$ 是一个BP神经网络系统，在这个基础上，本章提出了一种基于BP神经网络的推荐模型（BP-Rec模型）。利用BP神经网络预测用户偏好，结构如图3-13所示，在网络中输入用户特征向量 $\boldsymbol{x}$，通过网络训练得到用户的偏好向量 $P'(\boldsymbol{x})$，通过比较训练得到的偏好向量 $P'(\boldsymbol{x} \mid \theta)$ 与用户偏好的真实分布 $P_{true}(\boldsymbol{x})$ 的差异，优化神经网络中的参数权重。对于挖掘用户特征因素和用户偏好因素的参数系统，构建BP神经网络进行最优参数优化，BP神经网络的训练主要有以下几个步骤。

Step 1：初始化权重值。随机设定各连接权重 $w=\mathrm{random}(\infty)$、误差函数 ε、训练精度阈值 η 和最大学习次数 N。

Step 2：依次输入 M 个训练样本，设当前输入第 i 个训练样本。

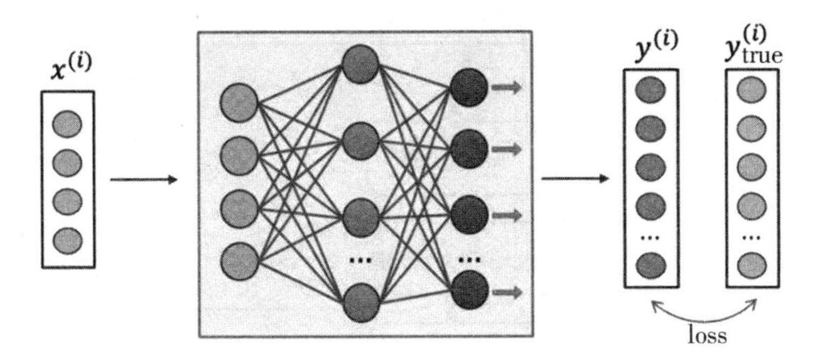

图 3-13　基于 BP 神经网络的用户偏好预测模型

Step 3：计算隐藏层的输入与输出 $v_l^{\text{in}(i)}$、$v_l^{\text{out}(i)}$ 以及网络的输出 $y^{(i)}$ 。

Step 4：得到预测输出 $y^{(i)}$ 和真实结果 $y_{\text{true}}^{(i)}$ 的误差，反向传回误差，计算各连接层的权重：

$$\delta_y^{(i)}=(y_{\text{true}}^{(i)}-y^{(i)})\,y^{(i)}(1-y^{(i)}) \tag{3-18}$$

$$\delta_l^{(i)}=\sum_{k=0}^{I}\delta_y^{(i)}\,w_l^{(i)}\,v_l^{\text{out}(i)}(1-v_l^{\text{out}(i)}) \tag{3-19}$$

$$\delta_{l-1}^{(i)}=\sum_{k=0}^{I}\delta_l^{(i)}\,w_{l-1}^{(i)}\,v_l^{\text{in}(i)}(1-v_l^{\text{in}(i)}) \tag{3-20}$$

Step 5：当训练次数小于 M ，跳转到 Step 2 继续计算；当训练次数等于 M 时，进行下一步。

Step 6：根据权值修正公式调整各层的权值 w 和阈值。

Step 7：计算全局误差 $E=\frac{1}{2m}\sum_{i=0}^{m}\sum_{i=0}^{n}(y^{(i)}-y_{\text{true}}^{(i)})^2$ ，当 $E<\varepsilon$ 时，训练结束；否则继续跳转 Step 2 进行新一轮学习。BP 神经网络的训练流程如图 3-14 所示。

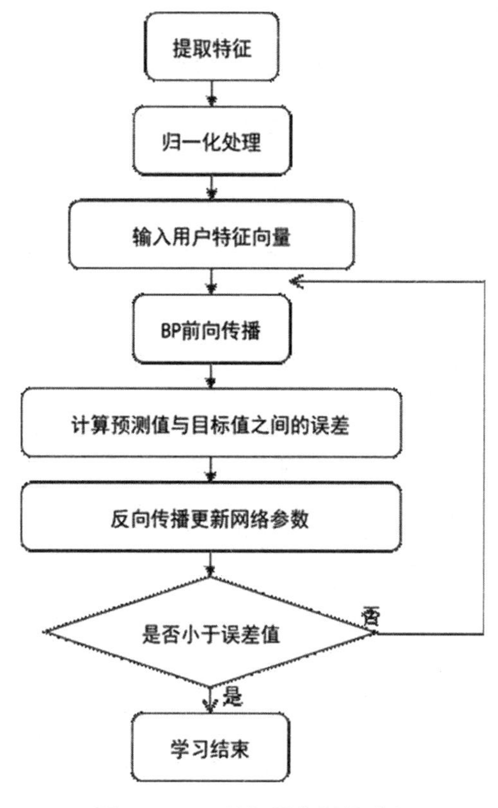

图 3-14　BP 神经网络训练过程

3.4.2　基于 CNN 解决冷启动的物品推荐模型

1. 图像构建

复杂网络中的社区由节点和连边组成，节点对应网络中的实体，边表示实体与实体之间的联系。推荐系统是复杂网络的一种特殊形式，网络只有用户和物品两个社区，用户对物品的行为作为节点之间的连边。如图 3-15 所示，左边为常见的复杂网络结构，图中社区内圆形节点之间的连边较多且紧密，采用同色标记，社区与社区之间不同颜色节点的连边相对于社区内部较为稀疏。右边为常见的推荐系统的网络结构，圆形节点代表用户，正方形节点代表物品。基准推荐算法多数情况只考虑用户和物品的连接关系，在描述推荐系统时经常采用二部图网络的形式 $G=(U, O, E)$，用连接矩阵 $\boldsymbol{A}$ 描述边信息。

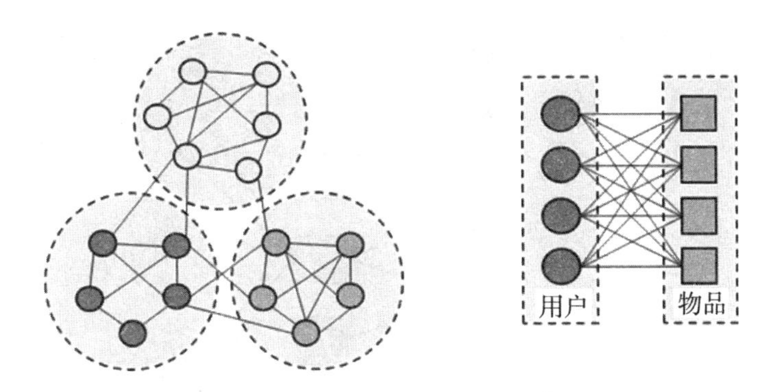

图 3-15 复杂网络社区结构与推荐系统结构

现在许多算法都将传统的二部图网络扩展为含有标签的三个或多个部分，将更多的信息加入网络用于描述用户和物品之间的关系。如 Cai 等[52]在网络中添加了“第三因素”的属性维度，为三个维度之间分别建立连接权重，利用三角形的面积描述用户、物品和属性之间的关系，如图 3-16 所示。

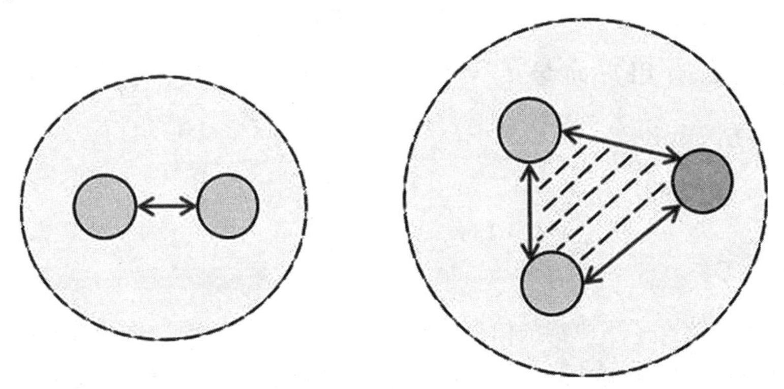

图 3-16 引入“第三因素”构建三角形的面积

根据前面的内容可知，推荐系统中用户特征和物品分类存在特有的联系，在描述用户与物品之间的关系时，加入其特征信息是很有必要的。本章提出一种基于 CNN 的物品推荐模型（CNN-Rec 模型），将特征信息加入网络对二部图网络结构进行扩充。把类别作为一个实体节点，构成含有四个部分的网络结构，如图 3-17 所示，从左到右依次是用户特征节点、用户节点、物品节点和物品特征节点。

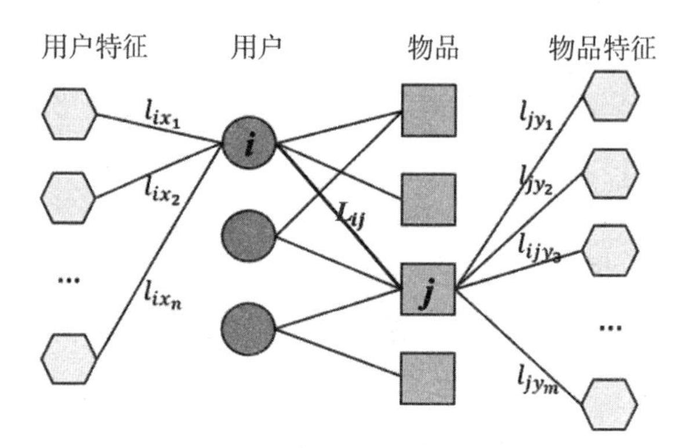

图 3-17　**具有特征信息的推荐网络结构**

在复杂网络中，除了使用连边的权重表示一对连接节点的信息，还可以使用节点的邻接矩阵来进行描述。两个节点的邻居系统的构成越相似，则两个节点相连的概率越大。在描述用户和物品的关系时，将特征节点看作两个节点的邻居，用邻居关系反映连边信息[53]。用户节点 i 的邻居节点有 $\{x_1, x_2, \cdots, x_n\}$，物品节点 j 的邻居节点有 $\{y_1, y_2, \cdots, y_m\}$，构建为向量有用户向量 $\boldsymbol{l}_i=[x_1, x_2, \cdots, x_n]^{\mathrm{T}}$ 和物品向量 $\boldsymbol{l}_i=[y_1, y_2, \cdots, y_m]$，表示两节点的连边矩阵为 $\boldsymbol{L}_{ij}$，则 $\boldsymbol{L}_{ij}$ 有：

$$\boldsymbol{L}_{ij}=\boldsymbol{l}_i\cdot\boldsymbol{l}_j=\begin{bmatrix} x_1y_1 & \cdots & x_ny_1 \\ \vdots & \ddots & \vdots \\ x_1y_m & \cdots & x_ny_m \end{bmatrix} \tag{3-21}$$

矩阵中蕴含了用户特征信息与物品特征信息的关系，将矩阵转换为图像能够更好地提取矩阵的特征。已知图像由像素组成，像素最常见的取值范围有 256 色，取值范围为 [0，255]，将矩阵的转换为图片形式，可以得到描述用户与物品关系的特征图像。当特征信息较少时，构建出的图像尺寸过小，图像经过填充后还可以进行插值裁剪处理，处理为尺寸大小规范的图像。例如，用户特征向量的取值为 $\boldsymbol{f}_{\text{user}}=[1, 0.83, 0.35, 0.56]^{\mathrm{T}}$，某部电影的分类有 18 种：{Action，Adventure，…，Comedy}，对应电影的特征向量为 $\boldsymbol{f}_{\text{item}}=[1, 0, 1, 0, 0, 1, 0, 0, 0, \cdots, 0]$，在描述两个节点的连接关系时，初步构建的矩阵为 $\boldsymbol{M}=\boldsymbol{f}_{\text{user}}\cdot\boldsymbol{f}_{\text{item}}$，此时矩阵的大小为 4×18，将矩阵值映射到 0～255 之间，进行图像邻近插值处理，将图片长宽扩展为 128×128，效果如图 3-18 所示。

图 3-18　长和宽为 128×128 的图像

从图 3-18 中可以看出，物品特征向量较为稀疏，经过处理后的图像具有大面积的黑色区域。为了避免稀疏向量对图片的影响，在构建物品特征向量时采用不同的映射方式。图片一般有 RGB 三个颜色通道，对于物品的特征表示根据 RGB 三个通道采用三种方式：相对于 R 通道，在描述物品特征时采用二值化，物品包含该类特征，则对应的值取 1，否则取 0；对于 G 通道，依旧采用二值化的方式，但在逻辑上与 R 通道取反，即物品包含该类特征则值为 0，否则为 1；对于 B 通道，则扩大取值范围到［−1，1］，当物品包含该类特征则值为 1，否则为−1，目的是扩大特征之间的差异，在提取特征的过程中更有区分度。经过不同的映射方式处理后的物品特征向量有 3 种，分别与用户特征向量生成三个特征矩阵，再将值映射到［0，255］之间，构建具有三通道结构的 RGB 彩色图像。

此外，选用的插值方式不同，缩放后的图像效果不同。一般图像的插值方法有：最近邻插值（nearest-neighbor）、双线性插值（bilinear）和 lanczos 等方式。最近邻插值是最易理解的插值方法，其插值方式是将目标点邻域内距离最近的像素的值赋给目标点，但区域之间的边缘过渡不缓慢，图像放大后会出现锯齿的现象，插值公式为

$$X_{src}=X_{dst}\times(\mathrm{Width}_{src}/\mathrm{Width}_{dst})\tag{3-22}$$

$$Y_{src}=Y_{dst}\times(\mathrm{Height}_{src}/\mathrm{Height}_{dst})\tag{3-23}$$

双线性插值的核心思想是在两个方向分别进行线性插值，即目标点的像素值由周围四个点的像素值的决定。如图 3-19 所示，绿色点 P 的像素由 $ABCD$ 四个红色像素点决定，首先由 A 和 B 点的像素进行线性插值计算出蓝色点 E 像素，由 C 和 D 点的像素线性插值计算出蓝色点 F 像素，然后由 E 和 F 点进行线性插值计算得出绿色点 P 的像素。

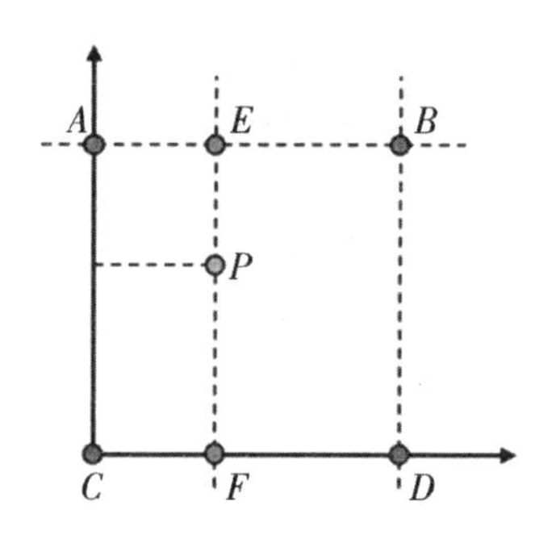

图 3-19　**双线性插值方法**

lanczos 方法与双线性插值类似，计算目标点上下左右和对角线方向上八个点的权重，随后加权平均进行插值。本章构建特征图像的过程中采用插值处理后的结果如表 3-5 所示。选用不同的插值方式对同一矩阵进行处理后，最邻近插值和双线性插值的效果较为相似，而 lanczos 插值方法在处理彩色图像时，边缘过渡更为平滑。

表 3-5　**三种插值方法的处理效果**

方法	彩色图像	灰色图像
最近邻插值 (nearest-neighbor interpolation)	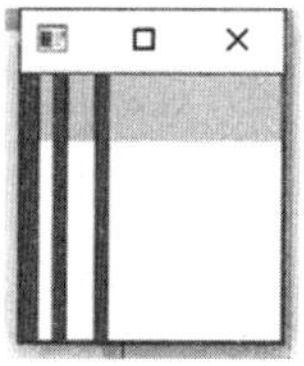	
双线性插值 (bilinear interpolation)	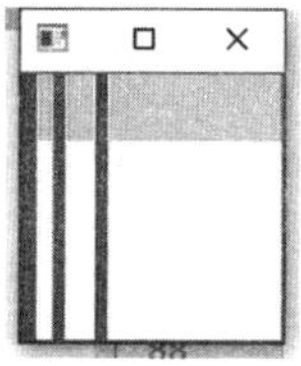	
lanczos 插值	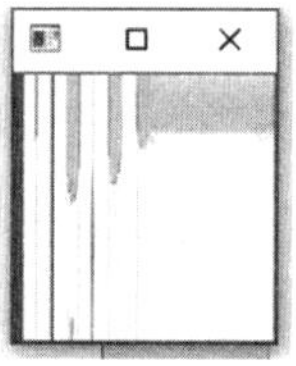	

2. 卷积神经网络构建

卷积神经网络在图像特征提取方面具有优异的效果，常被用于图像的分类问题。在本模型中，将用户与物品的关系用特征信息构建为图像，可以看作分类问题：用户选择或不选择该物品。经过训练后的网络输出数据为用户是否选择该物品。用户和每个物品都能构成一幅图像，将二部图网络的连接结构作为训练卷积神经网络的样本集，若实际二部图网络中的连边存在则对应二分类中的“1”；若对应的连边不存在则对应“0”。但需要注意的是，由于网络的稀疏性，不存在的连边的个数可能远大于存在的连边个数，在构建样本集的过程中，需要随机丢弃部分不存在的连边。

如图 3-20 所示，图像在经过插值处理后，将尺寸统一为长和宽为 128×128×3 或 256×256×3 的彩色图像，根据通道数量不同，图片的特征也有差异。从输入层进入卷积层，卷积层包含多个有效提取图像特征的卷积核，根据图像的大小调整卷积核大小，依次扫描图像提取更多图像特征。在卷积层与卷积层之间分布了池化层，为了保存更多的纹理信息，本书中的池化过程采用最大池化，提取特征图像区域内的最大值。经过多个卷积和池化操作后，映射到高维的全连接层，全连接层采用 ReLu 激活函数。CNN-Rec 模型主要的训练过程如下：

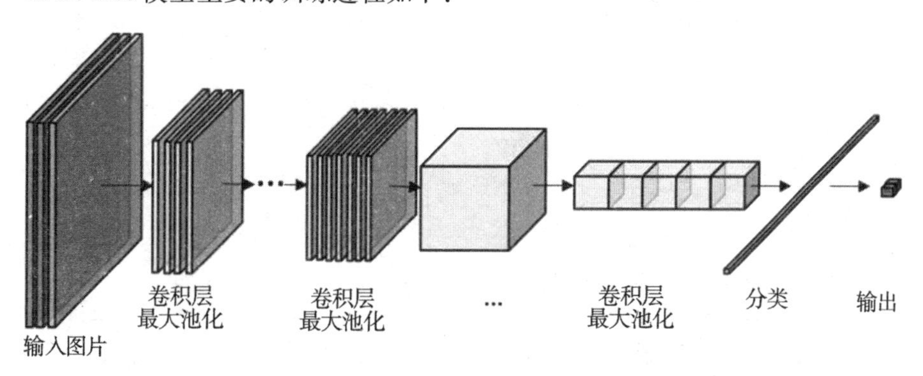

图 3-20　卷积神经网络结构

（1）前向传播过程。

首先，对网络参数进行初始化，随机赋予权重参数 W 和偏置 b 大小值。然后按照训练批次输入图像样本。在输入层和卷积层中，每个张量进行计算后向下传播，计算方式为

$$a^l = \mathrm{ReLu}(z^l) = \mathrm{ReLu}(a^{l-1} * W^l + b^l) \tag{3-24}$$

其中，a^l 代表第 l 层的输出，$*$ 代表卷积操作，b^l 表示第 l 层的偏置项，ReLu 为激活函数。其中，选用最大值池化操作对矩阵 a^{l-1} 进行处理：

$$\boldsymbol{a}^l = \mathrm{Max\_pool}(\boldsymbol{a}^{l-1}) \tag{3-25}$$

经过多个卷积层后，数据的维度增加，在全连接层 fc 则选择 softmax 作为激活函数，则有：

$$a^{fc}=\text{softmax}(z^{fc})=\text{softmax}(W^{fc}a^{fc-1}+b^{fc}) \tag{3-26}$$

（2）反向传播过程。

训练后的结果值和真实值产生的误差 e 经过反向转播来调整网络中的各个参数。计算每个神经元的残差通过梯度下降来更新网络的权重参数，采用 MES 来度量损失：

$$E(W,b,x,y)=\frac{1}{2}|a^L-y|^2 \tag{3-27}$$

其中，x 表示输入的图像而 y 表示图像的分类（即连边是否存在），W 和 b 表示网络中的权重参数和偏置。此时的 z^L 为全连接层的输入，采用 softmax 激活函数将数据映射到二分类结果：

$$a^L=\text{softmax}(z^L)=\text{softmax}(W^La^{L-1}+b^L) \tag{3-28}$$

实验采用 AdaGrad 作为梯度下降的方法对 W 和 b 进行更新：

$$\begin{aligned}\frac{\partial E(W,b,x,y)}{\partial W^L}&=\frac{\partial E(W,b,x,y)}{\partial z^L}\frac{\partial z^L}{\partial W^L}\\&=[(a^L-y)\partial'(z^L)](a^{L-1})^{\mathrm{T}}\end{aligned} \tag{3-29}$$

$$\frac{\partial E(W,b,x,y)}{\partial b^L}=\frac{\partial E(W,b,x,y)}{\partial z^L}\frac{\partial z^L}{\partial b^L}=(a^L-y)\sigma'(z^L) \tag{3-30}$$

对于任意一层的参数的更新和计算有：

$$\delta^l=\frac{\partial E(W,b,x,y)}{\partial z^l}=\frac{\partial E(W,b,x,y)}{\partial z^L}\frac{\partial z^L}{\partial z^{L-1}}\cdots\frac{\partial z^{l+1}}{\partial z^l} \tag{3-31}$$

$$z^l=W^la^{l-1}+b^l=W^l\sigma(z^{l-1})+b^l \tag{3-32}$$

CNN-Rec 模型整体分为两个部分，首先是用户-物品关系特征图像的构建，然后是卷积神经网络对于特征图像的训练，如图 3-21 所示。

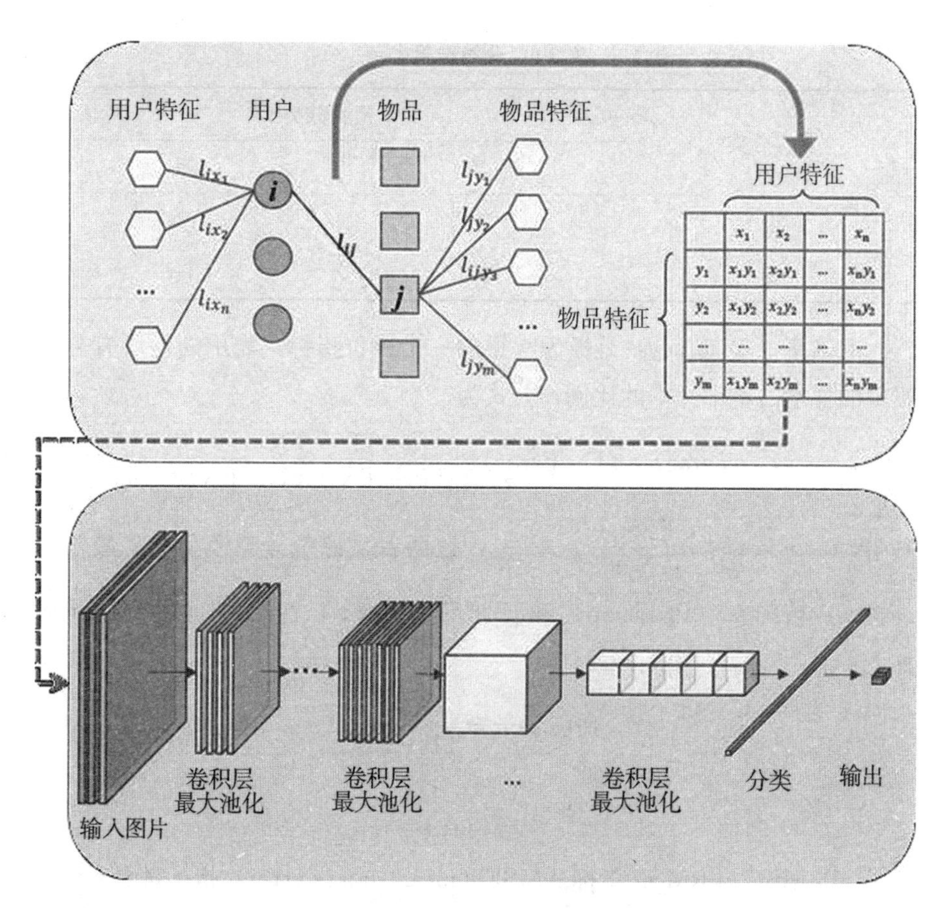

图 3-21 CNN-Rec 模型整体框架

3.5 实验结果及分析

3.5.1 评价指标

除了第一章介绍的常用的评价指标，在此补充介绍 Accuracy、MSE、RMSE 指标。

(1) Accuracy 指标。在分类任务中，各指标的计算基础都来自正负样本的分类结果，如表 3-6 所示。

表 3-6　分类结果表示

真实分类	预测分类	
	正	反
正	TP	FN
反	FP	TN

准确率（Accuracy）是极为常见的一个评价指标，表示的是所有分类正确的样本占全部样本的比例，公式为

$$\text{Accuracy}=(1-\text{Error})=\frac{\text{TP}+\text{TN}}{\text{TP}+\text{TN}+\text{FP}+\text{FN}} \tag{3-33}$$

其中，$\text{Error}=\frac{\text{FP}+\text{FN}}{\text{RP}+\text{TN}+\text{FP}+\text{FN}}$，这两者是评价分类模型优劣最基本的指标。精确率（Precision）和召回率（Recall）在分类问题中的计算如下：

$$\text{Precision}=\frac{\text{TP}}{\text{TP}+\text{FP}} \tag{3-34}$$

$$\text{Recall}=\frac{\text{TP}}{\text{TP}+\text{FN}} \tag{3-35}$$

（2）MSE 与 RMSE 指标。MSE（mean square error）指标是真实值 y 与预测值 $f(x)$ 的均方误差，RMSE（root mean square error）则是均方根误差。MSE 和 RMSE 对于逸出值（outlier）较为敏感，在数据中有一个或几个数值与其他数值相比差异较大，则 MSE 值受到的影响越大。MSE 和 RMSE 的计算公式如下：

$$\text{MSE}=\frac{1}{n}\sum_{i=0}^{n}(f(x)-y)^2 \tag{3-36}$$

$$\text{RMSE}=\sqrt{\frac{1}{n}\sum_{i=0}^{n}(f(x)-y)^2} \tag{3-37}$$

3.5.2　BP-Rec 模型实验结果

建立 BP-Rec 模型的基本步骤是：先构建描述用户的特征向量和用户的偏好向量，作为神经网络的训练样本；然后设计 BP 神经网络，将数据输入模型进行训练；最后根据训练得到的用户偏好产生推荐。

（1）特征向量的构建。在一个推荐系统中，用户可以用年龄（Age）、性别（Gender）、职业（Occupation）和地址（Zip-code）等描述，将每个特征作为一个集合。以 MovieLens-1M 电影数据集为例分析，收集到的信息如表 3-7 所示。

表 3-7 MovieLens-1M 数据集的用户特征信息

年龄 Age	职业 Occupation		地区 Zip-code	性别 Gender
1："Under 18"	other/writer	farmer	0 开头	女性 Female
18："18～24"	academic/educator	homemaker	1 开头	男性 male
25："25～34"	artist	K-12 student	2 开头	
35："35～44"	clerical/admin	lawyer	3 开头	
50："50～55"	college/grad student	programmer	4 开头	
45："45～49"	customer service	retired	5 开头	
56："56+"	doctor/health care	sales/marketing	6 开头	
	executive/managerial	scientist	7 开头	
	self-employed	tradesman/craftsman	8 开头	
	technician/engineer	unemployed	9 开头	

用户的年龄分为多个阶段，低于 18 岁的用户用"1"标记，大于 56 岁的用户用"56"标记，15 周岁至 55 周岁分为五个阶段。数据集中的用户职业包含 21 个分类。地区信息根据来源所在地区的邮编规则主要分为 10 个区域，每个区域由不同的数字开头。采用聚类分析将每个特征进行归一化处理，以用户年龄为例，将具有相同年龄阶段的用户进行聚类，分别计算每个年龄段的用户的占比，进行归一化处理。处理后的各年龄阶段的权重值如下表 3-8 所示。同样地，职业、性别和地区特征也根据聚类分析的方法进行归一化处理。

表 3-8 用户年龄特征聚类后归一化的权重值

年龄段	"Under 18"	"18～24"	"25～34"	"35～44"	"45～49"	"50～55"	"56+"
权重	0.036 75	0.182 61	0.347 01	0.197 51	0.091 05	0.082 11	0.062 91

用 $T_{user}=\{A, G, O, Z\}$ 来表示推荐系统中用户的特征集合，A 为年

龄（Age）集合，G 为性别（Gender）集合，O 为职业（Occupation）集合，Z 为地区编码（Zip-code）集合，则用户 i 的特征向量表示为 $\boldsymbol{T}_{\text{user}i}=(a_i,\ g_i,\ o_i,\ d_i)$。电影按照内容可以分为多个类型，每部电影可以有一个或者多个分类标签，如表 3-9 所示。

表 3-9　MovieLens-1M **数据集的电影分类**

MovieLens-1M 数据集的电影分类					
Action	Children's	Documentary	Film-Noir	Mystery	Thriller
Adventure	Comedy	Drama	Horror	Romance	War
Animation	Crime	Fantasy	Musical	Sci-Fi	Western

用户观看过的电影个数是不相同的，在为电影评分时，每个分类得到的分值有高有低，统计用户对已观看电影的所有评分，将用户对每个分类的评分进行累加，进行归一化处理，用户 i 对电影分类 j 的评分累加后为 r_j，用户 i 在该分类下的偏好计算过程为

$$P_{ij}=\frac{r_j}{\sum_{k=0}^{m} r_k} \tag{3-38}$$

P_{ij} 即为用户 i 在 j 分类上的偏好程度。用户 i 的偏好向量可以表示为 $\boldsymbol{P}_{\text{user}i}=(p_{i1},\ p_{i2},\ p_{i3},\ \cdots,\ p_{im})$，$m$ 表示分类的个数，向量中的每个值代表用户 i 对该分类的喜爱程度。随机抽取数据集中的用户，构建热力图对用户的偏好进行分析，从图 3-22 中可以看出，横轴为电影的分类，纵轴为用户的 ID，每个单元格使用用户在该分类下的偏好值进行标记，颜色越深表示用户对该分类的喜爱程度越高。从整体上看大多数用户对于喜剧、浪漫剧和动作剧的喜爱程度较高，但用户与用户之间的兴趣偏好是不相同的。

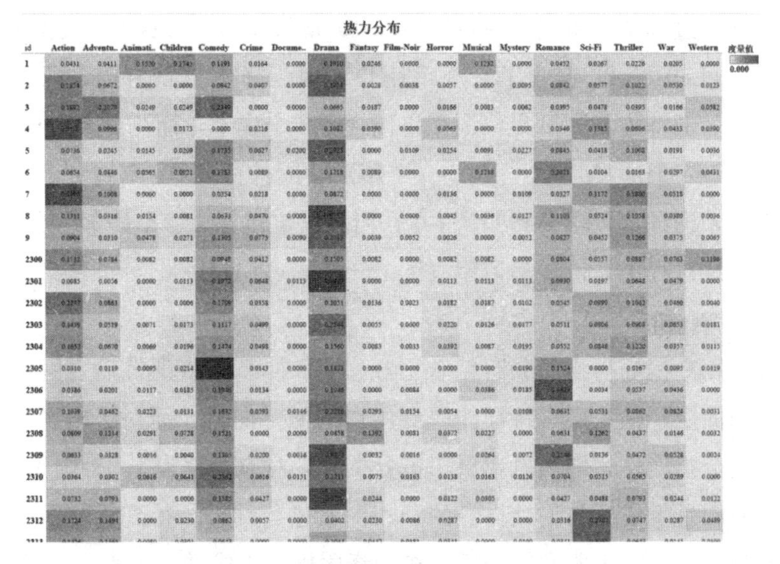

图 3-22　用户兴趣偏好分布热力图

（2）构建 BP 神经网络。BP 神经网络输入层的每个节点对应用户的一类特征。第一个输入节点的值表示用户的性别信息，第二个输入节点的值表示用户的职业信息，第三个输入节点代表用户的年龄，第四个节点表示用户的地区，输入层输入的参数为 $T=(a_i,\ g_i,\ o_i,\ d_i)$。网络的隐藏层选用两层构成，在确定隐藏层个数时，可以根据经验采用公式：

$$m=\sqrt{n+l}+a \tag{3-39}$$

其中，m 为隐藏层结点数，n 为输入层结点数，l 为输出层结点数，a 为 1 到 5 之间的常数。BP 网络结构的参数如表 3-10 所示，隐藏层采用 ReLu 激活函数，输出层神经元选用 softmax 激活函数，输出层的节点由物品特征的分类构成，每一个节点代表一个分类，分类的概率相加为 1。将用户的特征向量作为输入数据输入网络模型，得到用户偏好结果。每个节点的输出值代表用户选择该分类下物品的概率，即对该分类的喜好程度。

表 3-10　BP 网络结构参数

	输入大小	输出大小	激活函数
输入层	—	4	
隐藏层 1	4	10	ReLu
隐藏层 2	10	20	ReLu
输出层	20	18	softmax

在训练过程中，采用了 MovieLens-100k 和 MovieLens-1M 数据集。其中，MovieLens-100k 包含了 943 个用户，因为样本数量有限，所以按照 9∶1划分为训练集和测试集，训练集包含 848 个样本，而测试集包含 95 个样本。MovieLens-1M 包含了 6 040 个用户，同样按照 9∶1 划分为训练集和测试集，训练集包含 5 436 个样本，而测试集包含 604 个样本。在 BP 神经网络训练过程中，设置学习率（learning rate）为 0.001，训练最大次数分别为 2 000 和 7 000。

（3）用户偏好与物品分布结合。经过 BP 神经网络训练后，网络中的参数全部固定，输入用户特征能得到用户的偏好向量。而对于电影自身具有特定的分类属性，即当电影属于该分类时，对应的值为 1，否则为 0。用户的偏好向量生成后与物品自身的分布向量进行结合，得到物品对于用户的推荐得分，计算出所有得分后，按照降序排序生成推荐列表。

以 MovieLens-1M 数据集上的实验为例，训练结果如图 3-23 所示，可以看到经过 BP 网络训练的 RMSE 误差值下降到 0.05 以下，在 250 次以后网络模型趋于稳定。BP 神经网络在训练的过程中呈现一个先下降后稳定的趋势，说明网络中的参数系统经过优化后，BP 神经网络能够准确地预测用户的偏好分布。

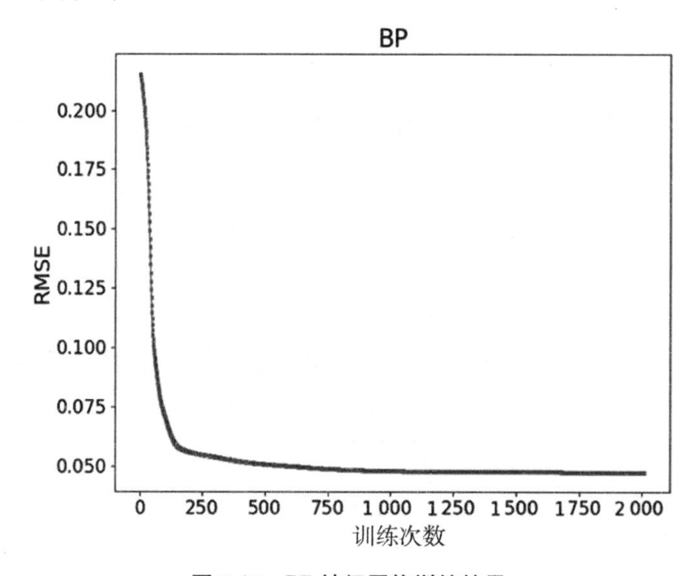

图 3-23　BP 神经网络训练结果

在设计 BP 神经网络的过程中，神经元的个数不同，网络训练的结果和速度也不相同。对神经元的个数进行分析，在隐藏层分别设计了 5、10、15、20 和 25 个神经元进行实验。实验结果如图 3-24 所示，5 组实验分别用不同的曲线进行标记。当神经元个数较少时，网络误差下降速度较慢，从图中可以看到当训练次数达到 300 次后网络才趋于稳定。随着神经元个数增加，网络训练的效果和速度随之优化和加快，当神经元个数为 20 时，网络训练的效果表现较好。

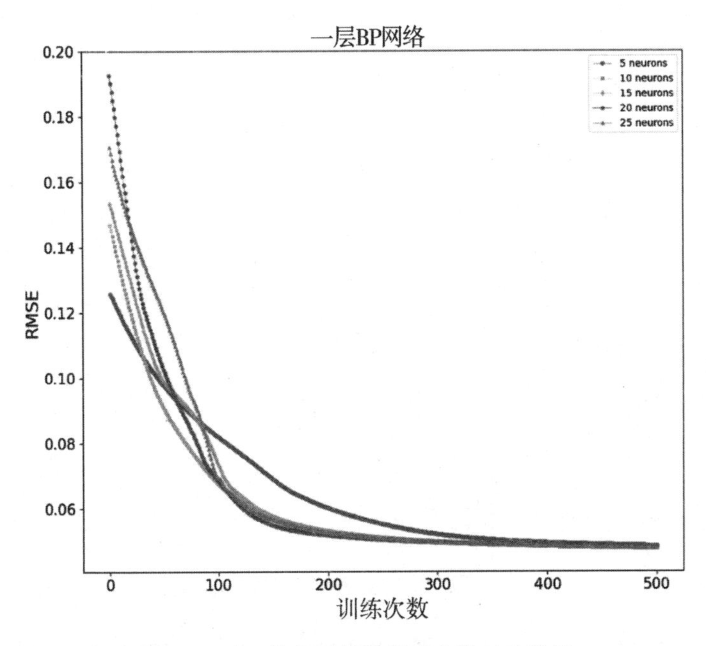

图 3-24　BP **神经网络神经元个数对比结果**

网络经过多次训练固定参数后，随机抽取三个用户，对比用户真实偏好与预测偏好，结果如图 3-25 所示。图中从左到右抽取到的用户的 id 分别为：155、1 860 和 3 622。横轴为电影的 18 个分类，纵轴为用户在该分类上的偏好得分，即 BP 神经网络对每个分类的概率值，所有分类的概率值总和为 1。红色虚线为用户在分类上的真实分布，绿色实线为预测的得分。

从整体情况可以看出，预测结果比较准确，得分的分布趋势基本一致，BP 网络能够挖掘出用户对于特定类别的喜爱程度。随后，利用 BP 神经网络预测出用户的偏好，进一步与物品的特征进行结合，从而产生推荐列表。

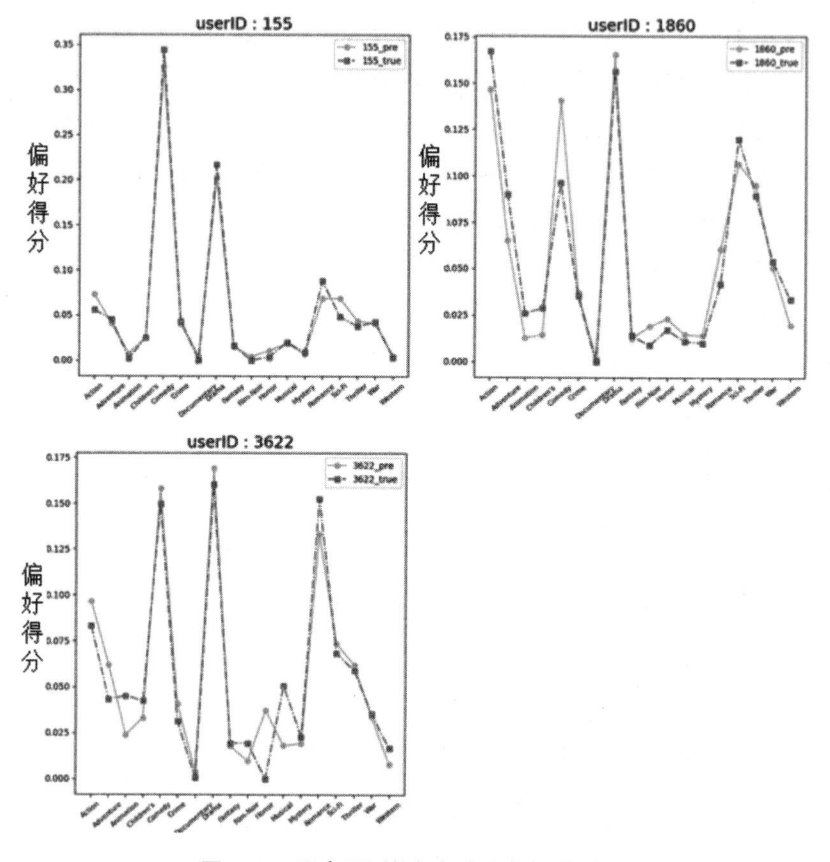

图 3-25　用户预测偏好与真实偏好的对比

进一步分析 BP-Rec 模型的推荐效果，将推荐生成的结果与基准推荐算法进行比较，选用了准确性、多样性和新颖性的评价指标进行评估。分别在 MovieLen-1M 和 MovieLens-100k 数据集上进行 10 次验证，取十次结果的平均值，其中，推荐列表长度 L 为 50。

结果如表 3-11 所示，从表中可以看出 BP-Rec 模型偏重于多样性和新颖性，在 Novelty 上表现优异。相对于 ProbS 算法和 CosRA 算法，BP-Rec 具有较高的多样性和新颖性。再与多样性较好的 HC 算法相比，BP-Rec 的多样性与 HC 相比几乎无差别，而 BP-Rec 的准确性方面能够优于 HC 算法。说明推荐列表中包含的物品种类分布较多且推荐较为准确，能够有效应对冷启动问题。

当新用户进入系统时，BP-Rec 模型较为准确地判断了用户的偏好，为用户推荐种类丰富的物品时，在一定程度上保证结果的准确性。其目的是快速挖掘新用户对于物品的偏好或新物品适合的用户群体，相较于传统的二部图网络推荐算法，避免了大量的相似性计算。当新用户加入系统后，模型不依托行为信息，能够准确地预测用户的兴趣爱好，有效地缓解冷启动问题。

表 3-11 BP-Rec 推荐模型与基准算法结果对比

MovieLens-1M	AUC	P	R	MAP	H	N
ProbS	0.884	0.067	0.297	0.185	0.504	1 617
CosRA	0.892	0.072	0.350	0.223	0.598	1 542
HC	0.881	0.033	0.161	0.051	0.861	198
BP-Rec	0.882	0.036	0.161	0.053	0.859	203
MovieLens-100k	AUC	P	R	MAP	H	N
ProbS	0.898	0.075	0.527	0.325	0.618	230
CosRA	0.908	0.082	0.575	0.380	0.724	204
HC	0.842	0.021	0.120	0.037	0.858	23
BP-Rec	0.864	0.040	0.100	0.099	0.802	33

3.5.3 CNN-Rec 模型实验结果

在 CNN-Rec 模型的实验中采用了 MovieLens-1M 和 MovieLens-100k 数据集，其中，对 MovieLens-1M 数据进行随机抽取，对每个用户抽取 10 条记录构成数据集，共有 78 520 条记录包含了 6 037 个用户和 2 283 个物品。将 MovieLens-1M 和 MovieLens-100k 数据以 9∶1 的比例按照交叉验证方法，划分为五组训练集和测试集。实际推荐系统中的用户物品二部网络，是所有节点全连接图的一个子图。对于网络中的边来说，有存在和不存在两种情况。用户选择过物品，则对应节点之前的连边存在，标记为 1；用户没有选择物品，则节点之间不存在连边，标记为 0。在生成特征图片训练卷积模型的过程中，针对网络过于稀疏，即不存在的边的个数远大于存在的边的个数这种情况，应该保留所有已存在的边，并适当随机丢弃不存在的边。

本节在卷积网络中设计了 5 个卷积层和 4 个池化层，输入尺寸为128×128×3 的图片，网络参数设置如表 3-12 所示。

表 3-12 卷积网络结构参数

	参数名	输入大小	输出大小	卷积核
Layer 1	Conv1	128 × 128 × 3	128 × 128 × 64	7 × 7 × 3，1
	MaxPool1	128 × 128 × 64	64 × 64 × 64	2 × 2 × 64，2
	Rnorm1	64 × 64 × 64	64 × 64 × 64	
Layer 2	Conv2a	64 × 64 × 64	64 × 64 × 64	3 × 3 × 64，1
	Conv2	64 × 64 × 64	64 × 64 × 192	5 × 5 × 192，1
	Rnorm2	64 × 64 × 192	64 × 64 × 192	
	MaxPool2	64 × 64 × 192	32 × 32 × 192	2 × 2 × 192，2
Layer 3	Conv3a	32 × 32 × 192	32 × 32 × 192	3 × 3 × 192，1
	Conv3	32 × 32 × 192	32 × 32 × 384	5 × 5 × 384，1
	MaxPool3	32 × 32 × 384	16 × 16 × 384	2 × 2 × 384，2
Layer 4	Conv4a	16 × 16 × 384	16 × 16 × 384	3 × 3 × 384，1
	Conv4	16 × 16 × 384	16 × 16 × 256	5 × 5 × 256，1
Layer 5	Conv5a	16 × 16 × 256	16 × 16 × 256	3 × 3 × 256，1
	Conv5	16 × 16 × 256	16 × 16 × 256	5 × 5 × 256，1
	MaxPool4	16 × 16 × 256	8 × 8 × 256	2 × 2 × 256，2
FC		8 × 8 × 256	1 × 512	
Out		1 × 512	1 × 2	

实验使用了 Tensorflow 框架搭建网络模型，图 3-26 和图 3-27 分别表示模型在 MovieLens-1M 和 MovieLens-100k 数据集上训练时交叉熵（cross entropy）损失函数和准确率（accuracy）的趋势线。从趋势图中可以看出，随着训练次数的增加，误差不断下降，前期误差下降速度较快，后期下降速度减缓，整体呈现了收敛趋势。MovieLens-1M 网络收敛趋势较为平缓，这是因为 MovieLens-1M 数据稀疏，在生成训练集的过程中，不存在的连边的数量远远多于存在的连边的数量，丢弃部分数据后，数据的稀疏性仍对网络存在影响。在准确率折线图中也可以看出，准确率整体呈上升趋势但速率较为平缓，前期上升速率相对后期较快。

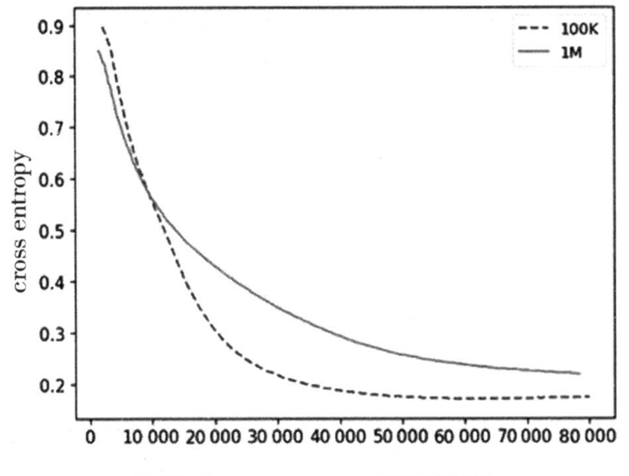

图 3-26 cross entropy **误差趋势线**

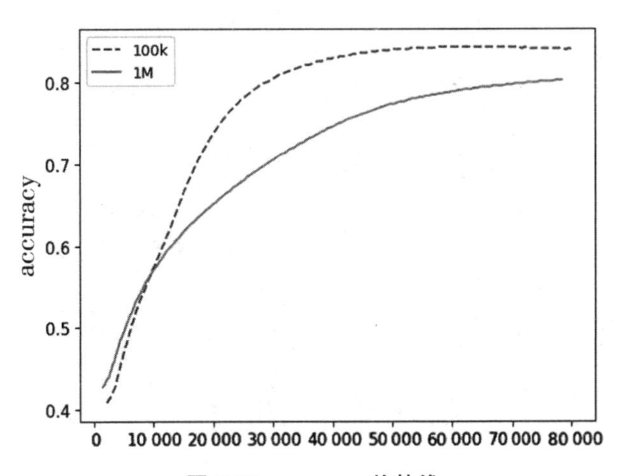

图 3-27 accuracy **趋势线**

实验结果表明网络模型在训练的过程中参数逐渐固定，误差收敛趋于稳定。下文将进一步分析训练集效果和 CNN-Rec 的推荐效果。

1. 分析训练集的训练结果。

训练集中包含了二部图网络中存在的边和不存在的边，且不存在的连边数量较多。当网络误差趋于稳定后，输出每个用户对于物品的预测值，将预测值与真实值进行对比。

以 MovieLens-1M 数据中的训练为例，随机抽取部分用户和其对应的物品，利用热力图观察用户选择物品的关系。如图 3-28 所示，横轴和纵轴分别由物品和用户构成，每个单元格中颜色值为预测值与真实值之和，真实值和预测值的取值范围都为 0 或 1，则单元格取三种颜色值：0、1 和 2，分别对应浅色、过渡色和深色。浅色表示预测值和真实值都为 0，深色表示预测值和真实值都为 1，过渡色表示预测值与真实值不同。由于物品数量较多，截取四个部分展示，可以看出图中不存在的连边的数量（浅色部分）占比多，预测不准确的部分（过渡色）占比少，对于存在的连边（深色部分）的预测也较为准确，分布较多且均匀。综合来看，趋于稳定后的卷积模型的训练结果较为准确。

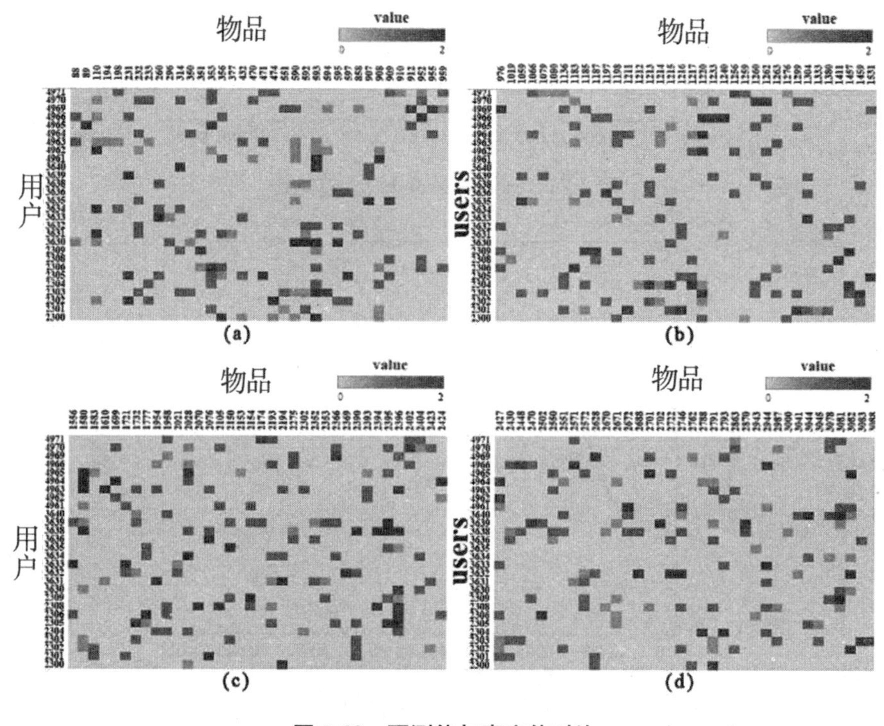

图 3-28　预测值与真实值对比

2. 分析测试集的预测结果。

经过固定网络参数训练后，将测试集中所有真实存在的连边构建为特征图像输入网络，来检验 CNN-Rec 模型对正确样本的预测能力，即检验模型是否能判断用户的选择行为。特征图像经过卷积网络模型的计算，能够得到用户对物品选择的概率，将测试结果整理为推荐列表与测试集中的真实结果进行对比，分别在 MovieLens-1M 和 MovieLens-100k 数据的五组测试集上进行验证，取五个结果的平均值作为最终值。进一步与基于二部图网络的基准推荐算法进行对比，将基准算法运用于相同的五组数据，其中，推荐列表的长度 L 为 50。选用准确性、多样性和新颖性三方面的指标进行评估。结果如表 3-13 所示。

表 3-13　CNN-Rec 模型在测试集上的对比结果

MovieLens-1M	*P*	*R*	*H*	*I*	*N*
ProbS	0.028 8	0.500 0	0.459 9	0.098 4	526
CosRA	0.030 8	0.549 6	0.553 6	0.088 9	427
HC	0.004 3	0.077 3	0.623 4	0.010	15
CNN _ Rec	0.030 1	0.861 9	0.887 5	0.008	9
MovieLens-100k	*P*	*R*	*H*	*I*	*N*
ProbS	0.075 2	0.527 4	0.618 0	0.355 1	230
CosRA	0.082 4	0.575 6	0.724 4	0.335 3	204
HC	0.021 1	0.120 3	0.858 3	0.056 4	23
CNN _ Rec	0.143 6	0.881 3	0.923 2	0.011 1	21

从表 3-13 中可以看出 CNN-Rec 模型对用户的真实行为有准确的判断能力，在 Precision、Recall 和 Novelty 指标上都表现优异。在将测试集中的数据输入网络后，网络能够判断出绝大多数连边都存在，即用户会选择该物品。说明 CNN-Rec 模型对正类样本的分类具有较高的准确性，能够较为准确地将测试集中的边进行分类。尤其是在 MovieLens-100k 数据集中，网络数据相对紧密，CNN-Rec 模型的准确性更高。

从表 3-13 中还可以看到，基准算法的表现普遍较差，这是因为基准算法在数据集上测试时，随机划分训练集和测试集的过程中，物品或用户可能被全部划分在训练（或测试）集中，导致另一个对应的数据集丢失用户或物品记录。而基准算法通过用户的历史行为生成推荐列表，列表中的物品均来自训练集，在计算评价指标时，评价指标的结果会受到影响。测试 CNN-Rec 模型的数据均来自测试集，在计算评价指标时会受到推荐列表长度和模型误差的影响。对 MovieLens-1M 数据集上的实验结果进行分析，推荐列表（*L*）分别截取 20、30、40 和 50。随列表长度增加计算 Precision 指标，公式中的分母增大，结果值会下降；计算 Recall 指标时，公式的分子为测试集与推荐列表中共同物品的数量，分母为测试集中用户选择的物品数量，则随推荐列表长度增加，分子增加分母不变，数值会先上升后不变，结果如表 3-14 所示。

表 3-14　Precision 和 Recall 指标随 L 的变化

	$L=20$	$L=30$	$L=40$	$L=50$
Precision	0.076 1	0.050 7	0.038 0	0.030 1
Recall	0.816 6	0.861 9	0.861 9	0.861 9

综合上述分析，CNN-Rec 模型在推荐过程中能够有效解决冷启动问题，降低了算法生成推荐列表时对历史行为的依赖。通过构建用户-物品关系特征图，挖掘两个因素之间的潜在联系。卷积神经网络的迭代训练模拟了推荐系统中累积“经验”的过程，类似于生活中的经验积累。例如，经验丰富的销售员会根据顾客的年龄和体型等特征推荐合适的服装。CNN-Rec 模型收敛的实际意义在于，能根据用户的特征属性和物品的分类信息来构建描述两者关系的特征图，将推荐系统中用户的历史行为作为一种经验信息，在为图片进行分类的过程中“累积经验”，固定网络的参数系统，最终达到准确预测用户对物品的选择。实验证明，CNN-Rec 模型在面对新用户进入系统中后，能够较为准确地判断出用户对物品的选择与否，在一定程度上缓解了冷启动问题。

4 基于粒子群优化参数的混合推荐算法

4.1 粒子群算法

现实生活中，人们在完成某一件事情时，总是力求最小的代价取得最大的利益，这就是最优化，即优化处理。优化处理的是具有多个变量且同时需要满足一定的约束条件的最小化或最大化问题，其中多目标优化就是优化问题的主要研究领域。为了能有有效地解决复杂的优化模型，不同领域的学者和技术人员都投身其中，利用数学、物理、生物、统计学等学科的内容设计出了许多优化算法。在众多的优化算法中，粒子群算法具有机理简单、参数少、深度搜索和广度搜索等特点，受到广泛关注，并取得了较好的研究成果。在粒子群优化算法中，以适应度函数为衡量标准，随机地在解的空间范围内进行迭代求优，其优点是简单，易执行。由于本书研究的推荐算法具有参数，所以利用粒子群算法对本书研究内容进行参数寻优。下面简单介绍一下粒子群算法的基本原理。

粒子群优化算法（PSO）是 Kennedy 和 Eberhart 提出的一种基于启发式的优化算法[54]。粒子群优化在提出以后进行了很多改进[55]。粒子群优化算法属于群智能优化算法，其来源于模拟鸟类飞行寻找食物的策略，所以其也是自然计算中的一种算法。在鸟群中，每只鸟都不知道食物的位置，但是它们通过信息共享知道其他鸟与食物的相对位置，于是鸟类就可以根据自身掌握的数据信息和其他鸟分享的信息动态地调整自己的飞行方向。总体来说，粒子群优化算法是假设一个鸟群正在寻找食物，食物具体位置对于鸟群中的鸟来说是未知的，但鸟群知道距离食物的距离。此时，通过鸟群内部对个体信息的共享，逐渐向当前距离食物最近的鸟周围去飞行，最后飞向食物的所在地。

在粒子群算法中，第 i 个粒子在 d 维搜索空间中的位置向量和速度向量可以分别表示为 $\boldsymbol{X}_i=(x_{i1}, x_{i2}, \cdots, x_{iD})$ 和 $\boldsymbol{V}_i=(V_{i1}, V_{i2}, \cdots, V_{iD})$，每个粒子代表了 d 维搜索空间中优化问题的一个解。在每一次求解中，每个粒子都会动态地修改移动方向和速度，使粒子向它访问过的最优位置和群体的全局最优位置靠近。第 i 个粒子之前访问的最佳位置记为 $\boldsymbol{P}_i=(p_{i1}, p_{i2}, \cdots, p_{iD})$；而群体中访问过的最佳位置记为位置 $\boldsymbol{P}_g=(p_{g1}, p_{g2}, \cdots, p_{gD})$。然后用更新后的速度计算粒子的下一个位置。这个过程重复进行，直到满足停止重复的条件。粒子的速度和位置的更新公式如式（4-1）和（4-2）所示。

$$V_{id}^{l+1}=\omega\times V_{id}^{l}+c_1\times rd_1^l\times(P_{id}^l-X_{id}^l)+c_2\times rd_2^l\times(P_{gd}^l-X_{id}^l) \tag{4-1}$$

$$X_{id}^{l+1}=X_{id}^{l}+V_{id}^{l+1} \tag{4-2}$$

其中，ω 为惯性权重系数（非负）；c_1 和 c_2 为常数；rd_1^l 和 rd_2^l 是 [0，1] 范围内的随机数；l 为迭代次数；X_{id}^l 代表粒子在空间中的位置。

从速度更新公式（4-1）可以得出，速度的更新可以按加法原则分为三部分。其中把第一部分称为“惯性”部分，表示每个粒子维持自身之前移动速度的趋势。把第二部分称为“自身经验”部分，体现粒子依照自身历史最优位置，向自身距离目标最近的位置靠近的趋势。把第三部分称为“信息共享”部分，表述了粒子如何利用其他粒子提供的信息来调整自身速度和方向，即向群体历史最佳位置靠近的趋势。

ω 控制以前的历史速度对当前速度的影响。ω 值越大，越有利于全局勘探，ω 值越小，越有利于局部勘探。为了平衡全局勘探和局部勘探能力，广泛采用线性递减惯性权重来调整 ω 的值，这种更新过程可描述为

$$\omega(l)=\omega_{\text{start}}-l\times(\omega_{\text{start}}-\omega_{\text{end}})/T_{\max} \tag{4-3}$$

其中，迭代次数为 l，$T_{\max}$ 是最大迭代次数；ω_{start} 和 ω_{end} 分别是惯性权重的极大和极小值。

4.2 混合算法 HHM

ProbS 算法和 HeatS 算法已在第一章有所论述，ProbS 算法的特点是

推荐准确性较好，但推荐多样性较差。HeatS 算法的特点是拥有较好的推荐多样性，但是在准确性方面表现较差[56]。受此启发，可以创建一种混合算法，使其同时具备 ProbS 和 HeatS 各自的优点。创建混合算法的一种常用方法是采用线性混合，即为需要进行混合的基础算法分配不同权重，从而获得综合性能的算法[57]，如果方法 X 和 Y 对物品 α 给出的分数分别为 x_α 和 y_α，那么物品 α 的混合得分 z_α 可以定义为

$$z_\alpha=(1-\lambda)\left[\frac{x_\alpha}{\max x_\beta}\right]+\lambda\left[\frac{y_\alpha}{\max y_\beta}\right] \tag{4-4}$$

通过改变参数 $\lambda\in[0,1]$，就可以对混合算法进行调整，使其更加适合其中一种方法的特性。在混合算法提出的初期，考虑到线性聚合方法，初始的混合算法定义如下：

$$W_{\alpha\beta}^{H+P}=\left(\frac{1-\lambda}{k_\alpha}+\frac{\lambda}{k_\beta}\right)\sum_{i=1}^{u}\frac{a_{\alpha i}\,a_{\beta i}}{k_i} \tag{4-5}$$

$$W_{\alpha\beta}^{H+P}=\frac{1}{(1-\lambda)k_\alpha+\lambda k_\beta}\sum_{i=1}^{u}\frac{a_{\alpha i}\,a_{\beta i}}{k_i} \tag{4-6}$$

但是上述的两种加法的线性聚合在实验过程中已经被证明不能有效地提升算法的性能[2]。考虑到 HeatS 和 ProbS 已经基本联系在一起，它们的推荐过程是由相同基础矩阵的不同标准化决定的。所以可以通过结合参数 λ 来过渡矩阵归一化从而得到了性能更好的混合算法 HHM，定义如下：

$$W_{\alpha\beta}^{H+P}=\frac{1}{k_\alpha^{1-\lambda}\,k_\beta^{\lambda}}\sum_{i=1}^{u}\frac{a_{\alpha i}\,a_{\beta i}}{k_i} \tag{4-7}$$

当 $\lambda=0$ 时，混合算法就是纯粹的 HeatS 算法，而当 $\lambda=1$ 时，混合算法就是纯粹的 ProbS 算法。

在 HMM 算法中同样采用了 $1-\lambda$ 和 λ 来分别来限制两个物品的度，这里包含了一个条件，就是两个物品度的限制参数和必为 1，即依旧采用了线性组合的方式来限制两个物品度对推荐过程中资源分配的影响。此时算法的参数求解问题可以抽象成一个线性方程，如公式（4-8）所示，参数的求解范围如图 4-1 所示。

$$y=1-x \quad x\in[0,1] \tag{4-8}$$

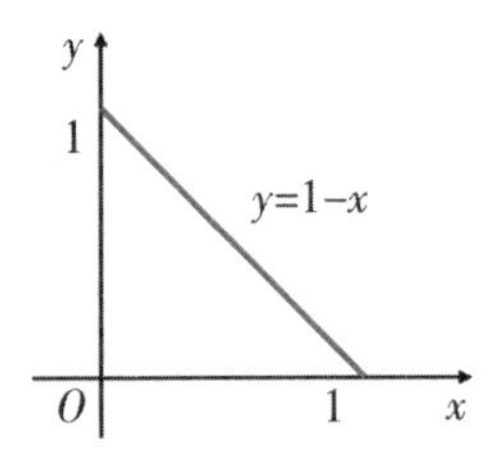

图 4-1　HHM 算法参数求解过程抽象成函数求解的过程

HHM 算法的参数可以用线性方程中在求解范围内任意一点表示，但是一般的线性混合方式已经被证明不能有效地提升算法的性能，所以在混合算法中是采用的是加入幂次来处理物品或者用户度对推荐过程的影响，那么在用户之间或者物品之间各自度对推荐过程的影响不再属于一般线性组合的方式。在推荐系统中应该考虑两方面，第一，在计算相似度时应同时考虑两个对象的度，并限制受欢迎对象的影响。第二，需要增强小度用户的影响，降低网络中大度节点的优势[4]。所以本书认为对于两个物品应该采用分别对自身度的限制来控制自身对推荐过程的影响。

4.3　双参数的 IHM 算法

HHM 算法通过施加参数来限制商品的流行性，从而实现算法本身对推荐过程的影响。经过我们对推荐公式的进一步分析，发现 HMM 算法中同样采用了求和来分别来限制两个物品的度，本质上对两个商品的度调整仍然是采用线性组合方式来实现。这导致该方法存在两个方面的缺陷：

（1）采用一个参数的方法会因为搜索空间有限导致不能搜索到更好的满意解。

（2）该方法隐藏一个强制性假设：两个商品的相似性与两个商品的度差有相关性，但在实际搜索中商品的相似与商品的度差是两个独立事件。

由于收集到的对象也在一定程度上影响个性化推荐的有效性，起到增强或抑制的作用，以适当的方式利用收集对象的受欢迎程度的权重有助于更好的推荐[58]。因此，本书在 HHM 算法的基础上，在计算相似性时将控制两个商品度的参数设置为两个独立参数。在统计学中，可以将原始数据按照一定的比例进行转换，将数据放到一个小的特定区间内，比如 0 到 1 或 −1 到 1。目的是消除不同样本之间的差异性，从而转化为一个无量纲的相对数值，因此各个样本特征量数值都处于同一数量级上，这就是数据缩放。那么在推荐过程中，我们对度的限制程度同样可以放在同一数量级上，此时我们将物品的度的限制缩放到统一的标准，即将物品的度限制范围都缩放到［0，1］（事实上，在实验中我们扩大了限制的范围，但是实验结果表明最优解仍然处于［0，1］之间），从而得到一个新的混合推荐算法，本书称之为 IHM。在 IHM 算法中，在推荐计算相似性的过程中，分别用 x 和 y 来表示对两个物品度的限制程度，带双参数的混合算法 IHM 的计算公式为

$$W_{\alpha\beta}^{IHM}=\frac{1}{k_{\alpha}{}^{x}\,k_{\beta}{}^{y}}\sum_{i=1}^{u}\frac{a_{\alpha i}\,a_{\beta i}}{k_{i}}\quad x,\ y\in[0,\ 1] \tag{4-9}$$

IHM 算法主要结合了统计学中的数据缩放思想重新定义了混合算法的参数以及参数范围。和 HHM 算法相比，由于参数和参数范围的改变，那么在处理实际情况中参数的确定也将发生变化。HHM 参数求解过程如图 4-1 所示，参数就是线段中的任意一点，后续的对比算法 BHC[59]、HHC[60] 也可以这样理解。而将参数范围改变后，IHM 算法的参数求解的过程可以映射到一个二元方程求解的过程，也就变成了在一个平面内求解。

$$F(x,\ y)=f(x,\ y)\quad 0\leqslant x\leqslant 1,\ 0\leqslant y\leqslant 1 \tag{4-10}$$

如图 4-2 所示，将参数范围改变后，参数求解的过程就变成了在一个平面内求解的过程，最优解就可能存在于平面内任意一点。与 HHM、BHC 和 HHC 相比，IHM 扩大了解的范围，也就扩大了算法性能改善的可能性，我们在实验中已经证明了这一点，找到了比原来更好的参数，得到了更好的算法性能。

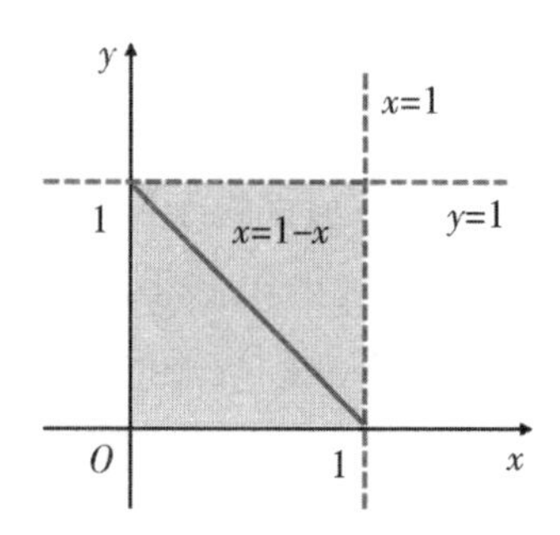

图 4-2　HHM 算法与 IHM 算法参数求解范围对比图

IHM 算法通过施加参数来限制商品的度信息来实现算法本身对推荐过程的影响。用 IHM 算法进行推荐的示意图如图 4-3 所示。

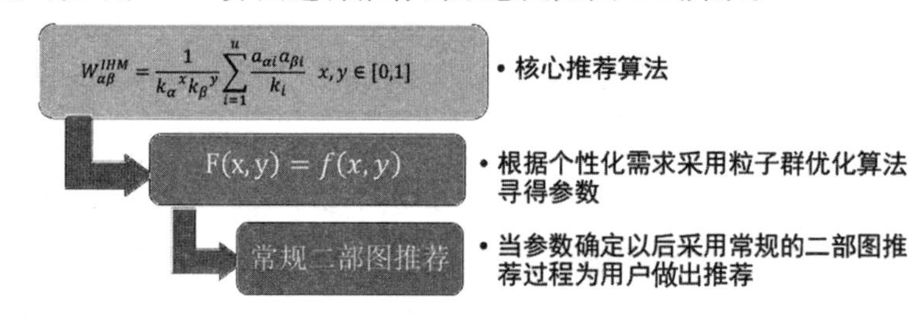

图 4-3　本书算法的推荐过程示意图

4.4　算法参数改进的合理性说明

与 HHM 算法相比，IHM 算法主要结合了统计学中的数据缩放思想重新定义了混合算法的参数以及参数范围：

（1）扩大了参数的搜索空间。求解 HHM 参数满意解过程为在图 4-1 所示线段上搜索满意解，搜索范围被限制该线段上。IHM 算法将参数调整为两个独立的变量，参数求解的过程转化为在一个平面内搜索满意解，扩大了解的范围。由于通过 IHM 扩大了参数搜索解的范围，可以发现更好的满意解。这点在下一部分的实验部分得到证明，通过找到比原来更好的参数，得到了更好的算法性能。搜索范围如图 4-2 所示。

（2）相似性与度差的随机性更稳定。由于节点相似性与节点的度差大小是两个独立的事件，所以在推荐系统中，商品间的相似性是由商品的本身属性和用户特性决定，不会因为两个商品的度的度量产生相关性，也不会因为两个商品的度差的改变而改变相似性。因此，我们进行了几种相似性与节点度差在不同数据集上的相关性测试，发现本章提出的 IHM 相似性与 HMM 相似性相比，在相似性散点图中的随机性分布方面更加稳定。如图4-4至图 4-6 所示。同时相似均值的斜率也更接近于 0，如图 4-7 所示。综合来看，IHM 相似性具有更好的随机稳定性。

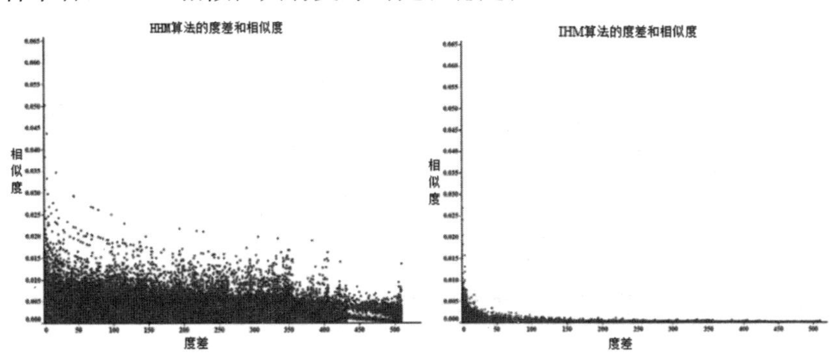

图 4-4　HHM **算法和** IHM **算法的度差和相似度对比**（Movielens-100K）

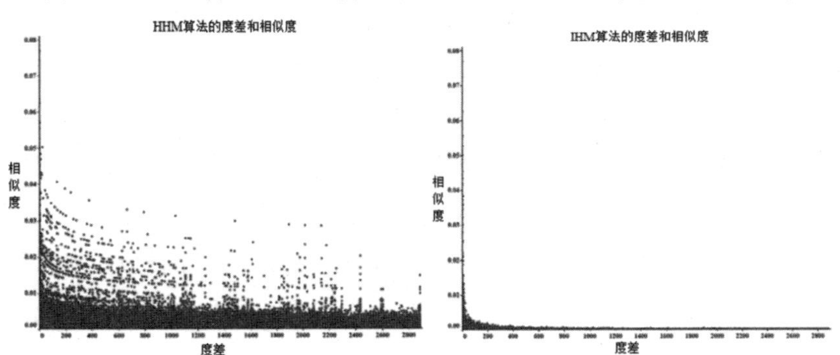

图 4-5　HHM **算法和** IHM **算法的度差和相似度对比**（Movielens-1M）

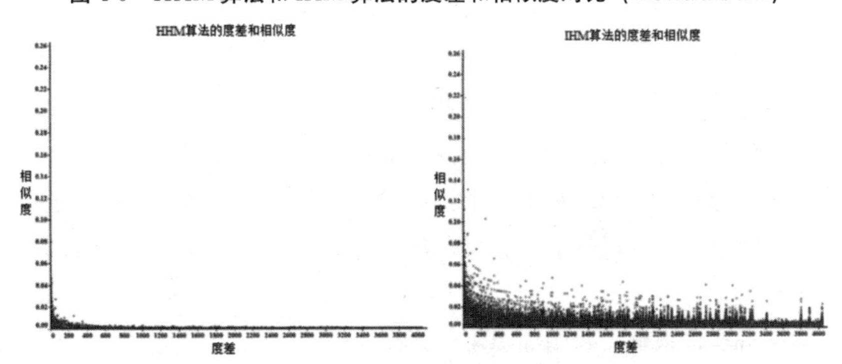

图 4-6　HHM **算法和** IHM **算法的度差和相似度对比**（Netflix）

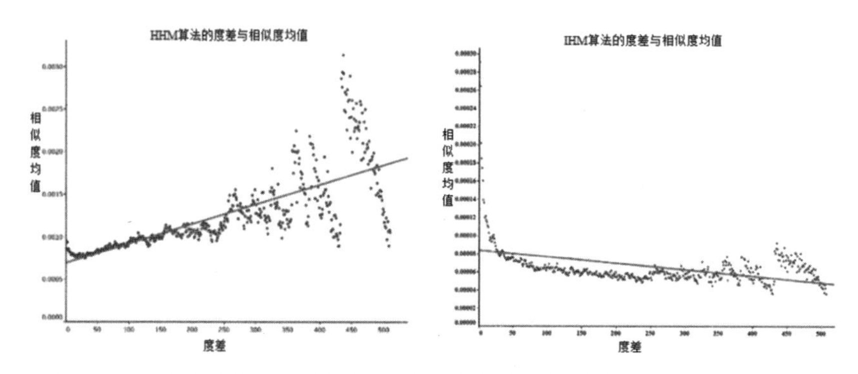

图 4-7　HHM 算法和 IHM 算法的度差与相似度均值对比图（Movielens-100K）

4.5　IHM 算法的参数优化

在资源传递方式改变后，需要确定具体的 x 和 y 的值才能用于实际的推荐过程中。由于 x 和 y 的值决定了算法的性能，此时可以以算法性能为标准来确定 x 和 y 的值，从而可以满足多种实际推荐要求。在实际应用中，算法的准确性在算法性能的评估上通常具有较强的说服力，所以可以选取算法的准确性来确定 x 和 y 的值（如果主观要求算法的多样性对当前推荐比较重要，也可以选取算法的多样性来确定 x 和 y 的值）。那么可以将确定 x 和 y 值的过程抽象成一个函数，再在此基础上求目标函数的最大值。公式如下：

$$\varphi(x, y)=f(x, y) \quad x, y \in [0, 1] \tag{4-11}$$

$$\mathrm{argMax}\varphi(x, y) \tag{4-12}$$

此时 x 和 y 代表对物品度的限制程度，而函数值就代表算法的准确性。在算法的性能的表述中，准确性越高代表算法的性能越好，那么对 x 和 y 求值的过程就可以看成对一个函数求极值的过程。本书采用粒子群优化算法来获取算法的最优参数。将参数的求解问题构建成一个二维的粒子群求解模型。

粒子群迭代求解流程图如图 4-8 所示。

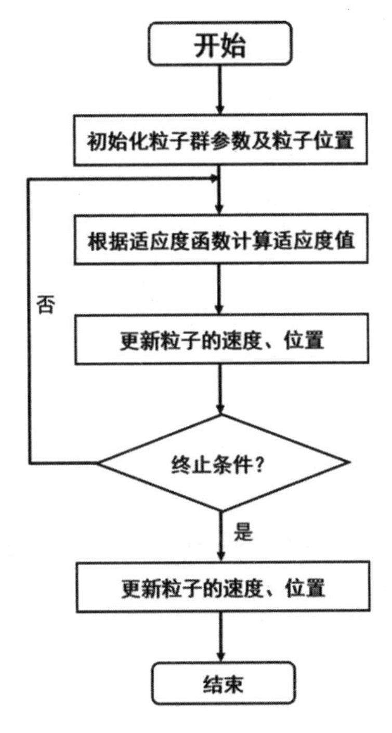

图 4-8　粒子群迭代求解流程图

具体求解模型步骤如表 4-1 所示。

表 4-1　二维模型的粒子群求解步骤

二维的粒子群求解步骤
S_1：读取样本数据。准备训练集和测试集。
S_2：算法初始化。设置粒子群优化算法的参数值；初始化每个粒子的速度向量 $\mathbf{V}_i=(V_{i1},V_{i2})$ 和位置向量 $\boldsymbol{X}_i=(x_{i1},x_{i2})$。
S_3：设 $\boldsymbol{P}_i$ 和 $\boldsymbol{P}_g$ 值。设第 i 个粒子当前最优位置为 $\boldsymbol{X}_i=(x_{i1},x_{i2})$（即 $\boldsymbol{P}_i=\boldsymbol{X}_i(i=1,2)$，全局最优位置为当前的 $\boldsymbol{P}_g$。
S_4：定义并评估适应度函数。将公式（4-8）作为适应度函数。然后计算每个粒子当前的适应度函数值，根据适应度函数值、粒子的历史最优值和全局最优值更新个体最优位置 $\boldsymbol{P}_i$ 和全局最优位置 $\boldsymbol{P}_g$。
S_5：更新每个粒子的速度和位置。根据公式（4-11）更新速度和根据公式（4-12）更新位置寻找更好的 x 和 y。
S_6：更新迭代次数。令 $l=l+1$。
S_7：判断停止条件。如果 $l>T_{\max}$，则停止迭代，否则，转到步骤 4。

续表

二维的粒子群求解步骤
S_8：$\boldsymbol{P}_g$ 为最优解，代表算法的最佳参数。

二维的粒子群求解模型伪代码如表 4-2 所示。

表 4-2　二维的粒子群求解模型伪代码

Input：用于训练算法参数所需的训练集和测试集

Output：算法的参数
Begin
Initialized particle swarm//初始化粒子群
Repeat
$\varphi(x, y) = f(x, y)$ //计算每个粒子的适应度
$P_i \leftarrow \max P_i$ & $P_g \leftarrow \max\ P_g$ //更新个体极值和全局最优极值
$\omega(l) \leftarrow \omega_{start} - l * (\omega_{start} - \omega_{end}) / T_{max}$ //计算法自适应权重
$V_{id}^{l+1} \leftarrow \omega \times V_{id}^{l} + c_1 \times rd_1^l \times (P_{id}^l - X_{id}^l) + c_2 \times rd_2^l \times (P_{gd}^l - X_{id}^l)$ & $X_{id}^{l+1} \leftarrow X_{id}^l + V_{id}^{l+1}$ //更新粒子速度和位置
Until Max $N \leftarrow n$ //达到最大迭代次数
$(x, y) \leftarrow P_g$ //获取最终的全局最优极值，即算法的参数
End

4.6　实验与分析

4.6.1　对比算法

为了验证本章所提出的算法具有真实有效性，本书在与 HHM 混合算法进行算法性能对比之外，同时还选取了另外两种同样控制物品流行性对推荐过程影响的 BHC 算法[61]和 HHC[60]算法进行了对比实验，分别将四种算法应用于三个真实的在线评级数据集。为了避免人为因素对于实验结果的影响并展示出不同算法的真实性能，在本书的实验中，通过手动编写代码实现了所有对比算法，虽然在评价标准中的表现与某些研究工作甚至是与原文的结果存在较小的误差，但是考虑到数据集的随机划分等原因，这些都属于正常情况。所以本书是在对比算法的手动全实现，数据划分级数据源采取一致的方式下进行算法性能对比实验。下面简单对对比算法BHC和HHC算法进行简单描述。

通常，提高推荐准确性可能会抑制推荐多样性。Liu和Zhou[61]等人提出了一种偏热传导（biased heat conduction，BHC）方法，该方法考虑了目标物体的异质性，其转化矩阵$\boldsymbol{W}^{BHC}$由下式表示：

$$\boldsymbol{W}_{\alpha\beta}^{BHC}=\frac{1}{k_{\alpha}^{\lambda}}\sum_{i=1}^{u}\frac{a_{\alpha i}\,a_{\beta i}}{k_{i}} \tag{4-13}$$

与许多基于网络的推荐算法相比，BHC在推荐准确性和多样性上都显示出巨大的优势。基于BHC，进一步考虑了源对象的异质效应，Qiu[60]等人提出了异质导热方法（heterogeneous heat conduction method，HHC）。在基于网络的推荐系统中，由于源对象的异构性，源对象对用户的贡献应该有很大的不同。例如，受欢迎的物体通常具有较大的可能被用户广泛收集，而不受欢迎的物体通常具有较小的可能。因此，与不受欢迎的物体相比，受欢迎的物体对用户的贡献要大得多。HHC算法对源物体度的扩散权重进行了限制，HHC算法的转换矩阵$\boldsymbol{W}^{HHC}$如下：

$$\boldsymbol{W}_{\alpha\beta}^{HHC}=\frac{1}{k_{\alpha}^{\lambda}\,k_{\beta}}\sum_{i=1}^{u}\frac{a_{\alpha i}\,a_{\beta i}}{k_{i}} \tag{4-14}$$

4.6.2 参数优化

推荐系统评价标准中的准确性直观地代表了推荐结果的命中率，即准确率，所以本书在参数确定过程中，以准确性Precision指标为基准，从而获取可变参数的最优值。

本章的参数是由准确性Precision指标的最大值来确定的。为了获得可变参数的最优值，在以往带参数的推荐算法中采用从0到1通过实验来获取最优参数，而在本章中，为了保证实验的准确性，无论是HHM、IHM、BHC，还是HHC算法，在不同数据集上所使用的参数都是基于粒子群优化算法得到的，避免了人为因素对实验结果的影响，参数保留两位小数。

在本章的粒子群迭代求优的过程中，我们首先对粒子群算法进行了初始化。由于本章所解决的为二维问题，过大的粒子群或过多的迭代次数会增加时间复杂度，降低效率。通过初步实验，考虑到时间复杂度和参数精度，本章将粒子群的迭代次数和粒子数量分别设为 40 和 20。此时粒子的位置最后都能够趋于稳定，从而确保通过粒子群优化算法得到的是极似最优解。

图 4-9 是从 Movielens-100K 中随机抽取的一个粒子的迭代过程的示意图，可以明显看出随着迭代次数的增加，粒子位置趋于稳定，此时得到极似最优解。并且当参数确定后进行了 10 折交叉验证以减少偏差。

经过图 4-9 的粒子群迭代求解过程，当推荐列表长度为 50 时，IHM 在 Movielens-100K、Movielens-1M 和 Netflix 上的最优参数分别为（0.77，0.87）、（0.80，0.71）和（0.81，0.55）时获得最大准确性 Precision 值，对于 HHM 最优参数分别为 0.2、0.13 和 0.16。对于 BHC 最优参数分别为 0.82、0.89 和 0.85。对于 HHC 最优参数分别为 0.73、0.75 和 0.62。

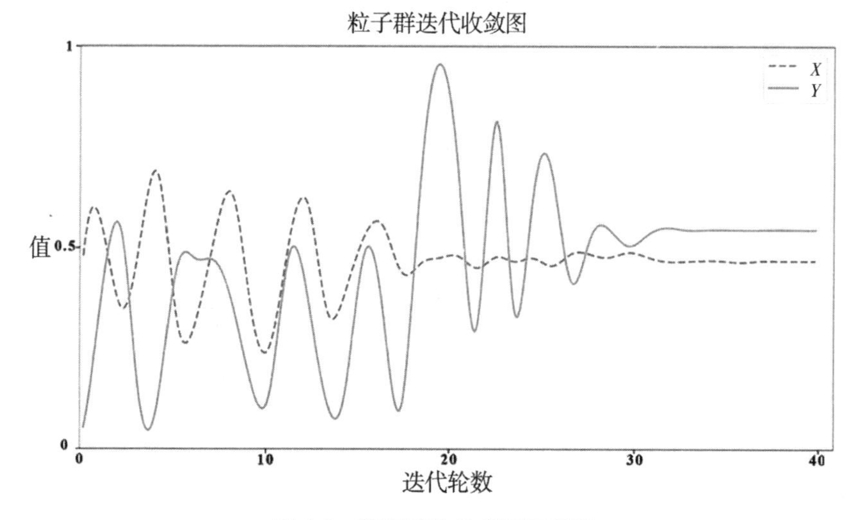

图 4-9　粒子群迭代求解示意图

同样可以得到当推荐列表长度为 10 时，IHM 在 Movielens-100K、Movielens-1M 和 Netflix 上的最优参数分别为（0.70，0.80）、（0.78，0.64）和（0.69，0.66）时获得最大准确性 Precision 值，对于 HHM 最优参数分别为 0.27、0.18 和 0.24。对于 BHC 最优参数分别为 0.76、0.84 和 0.81。对于 HHC 最优参数分别为 0.66、0.70 和 0.56。为了更加清晰地展示通过粒子群迭代寻得近似最优解，现将上述参数以表格的形式展示，表 4-3 和表 4-4 分别展现在推荐列表长度为 50 和 10 时，各个算法经过粒子群算法寻得的最优参数。

表 4-3 推荐列表长度为 50 时通过粒子群优化算法进行参数寻优后不同算法的参数

$L=50$	BHC	HHC	HHM	IHM
Movielens-100K	0.82	0.73.	0.2	(0.77，0.87)
Movielens-1M	0.89	0.75	0.13	(0.80，0.71)
Netflix	0.85	0.62	0.16	(0.81，0.55)

表 4-4 推荐列表长度为 10 时通过粒子群优化算法进行参数寻优后不同算法的参数

$L=10$	BHC	HHC	HHM	IHM
Movielens-100K	0.76	0.66	0.27	(0.70，0.80)
Movielens-1M	0.84	0.70	0.18	(0.78，0.64)
Netflix	0.81	0.56	0.24	(0.69，0.66)

4.6.3 实验结果

在实验过程中，先从数据量较小的 MovieLens-100K 数据集开始，逐渐增加数据量的大小，依次在 MovieLens-100K、Movielens-1M 和 Netflix 数据集上进行实验，从而探究本书算法对不同数据量的推荐敏感性，同时验证本书算法能否适用于不同大小的数据集。此外为了验证实验的准确性，在实验过程中首先采用了长度为 50 这种常见的推荐列表长度，其次，考虑到用户在实际体验推荐系统时，可能只会浏览到推荐系统为其推荐的前几项物品，所以本书在实验过程中还采取了长度为 10 的推荐列表进行了实验。

1. Movielens-100k 结果

在表 4-5 中，L 为推荐长度。七个值均为 10 次独立实验后的平均值。加粗的值表示推荐算法在某一标准表现得最好，以下实验结果表均如此。

从表 4-5 可以看出，在 Movielens-100K 中，推荐列表长度为 50 和 10 的实验结果非常相似。首先，讨论本书提出的 IHM 算法与 HHM 算法的性能表现，从表 4-5 中可以明显看出，在不同的推荐列表长度下，本书所提出的 IHM 算法，评价算法性能的七个评价指标的值都要优于 HHM 算法，这表明 IHM 算法无论是在准确性、多样性还是新颖性方面都要比 HHM 算法好。首先有关准确性的 AUC 值、RankScore 值、Precision 值和 Recall 值取得全面领先，这就和本章前面的预测结果一样，即通过合理的设定算法的参数，有利于寻求潜在的更优解。对于准确性的全面领先，这来源于粒子群算法的迭代寻优，即本书的参数是由准确性的最大值求得的，这也是合理的。但是对于多样性指标，在 MovieLens-100K 中无论推荐列表长度为 50，还是为 10，IHM 算法的性能同样达到了最优值，即 Hamming distance 值最高，Intra-similarity 值最低，Novelty 值最低。在 Movielens-100K 这种小数据中初步表明了，本书通过采用双参数的设定来限制物品自身流行性的思想是无误的，不仅能通过参数优化去获得算法更好的准确性，同时在保证提升准确性的同时提升多样性，这有利于解决现在推荐系统所面临的困境，即多样性与准确性的两难问题。

表 4-5　算法在 Movielens-100K 数据集上的性能表现

$L=50$	AUC	r	P	R	H	I	N
BHC	0.928	0.084	0.084	0.524	0.818	0.292	166
HHC	0.933	0.078	0.088	0.542	0.850	0.285	155
HHM	0.930	0.082	0.085	0.534	0.820	0.297	167
IHM	0.933	0.078	0.088	0.537	0.866	0.277	147
$L=10$	AUC	r	P	R	H	I	N
BHC	0.928	0.087	0.168	0.227	0.888	0.406	245
HHC	0.933	0.080	0.178	0.236	0.914	0.390	228
HHM	0.930	0.085	0.173	0.236	0.888	0.411	247
IHM	0.934	0.080	0.179	0.237	0.916	0.389	225

进一步讨论 IHM 与 BHC、HHC 算法的性能差异。从表 4-5 可以看出，除了当推荐列表长度为 50 时，IHM 的 Recall 值略低于 HHC 以外，本书算法的所有算法性能评价值均是高于其他对比算法的，这说明本书算法的整体性能是要优于其他算法的。

2. Movielens-1M 结果

如表 4-6 所示，首先，在准确性方面，在 Movielens-1M 数据集中，无论列表长度为 50 还是 10，IHM 算法在 AUC、RankScore、Precision 和 Recall 上均取得了最优值，这表明了 IHM 算法在准确性方面优于其他对比算法。

其次，在多样性方面，在 Movielens-1M 数据集中，推荐列表长度为 10 时，IHM 同样在 H 值、I 值和 N 值上取得最优值。当推荐列表长度为 50 时，在 Movielens-1M 中，IHM 在描述多样性和新颖性的三个指标上略低于最优值，但基本接近最优值。

表 4-6　算法在 Movielens-1M 数据集上的性能表现

$L=50$	AUC	r	P	R	H	I	N
BHC	0.932	0.084	0.093	0.402	0.861	0.281	1 017
HHC	0.937	0.078	0.099	0.428	0.870	0.294	1 024
HHM	0.934	0.083	0.095	0.411	0.855	0.293	1 051
IHM	0.938	0.078	0.099	0.431	0.868	0.298	1 032
$L=10$	AUC	r	P	R	H	I	N
BHC	0.930	0.088	0.175	0.166	0.901	0.384	1 496
HHC	0.935	0.081	0.184	0.178	0.916	0.379	1 425
HHM	0.932	0.086	0.179	0.171	0.903	0.392	1 502
IHM	0.936	0.080	0.187	0.178	0.924	0.377	1 384

3. Netflix 结果

如表 4-7 所示，在 Netflix 中，无论推荐列表长度为 50 还是为 10，IHM 在准确性指标上均取得最优值，即 IHM 算法在准确性方面依旧保持了全面领先。

在 Netflix 中，当推荐列表长度为 50 时，IHM 同样在 Hamming distance 值、Intra-similarity 值和 Novelty 值上取得最优值。当推荐列表为 10 时，在 Netflix 中，IHM 在描述多样性和新颖性的三个指标上略低于最优值，但同样基本接近最优值。表 4-7 展示了各个算法在不同标准值下的对比情况。

表 4-7　算法在 Netflix 数据集上的性能表现

$L=50$	AUC	r	P	R	H	I	N
BHC	0.953	0.049	0.061	0.458	0.678	0.265	1 812
HHC	0.961	0.042	0.062	0.465	0.683	0.288	1 862
HHM	0.956	0.046	0.062	0.469	0.681	0.273	1 827
IHM	0.961	0.041	0.065	0.478	0.735	0.262	1 708

续表

L=10	AUC	r	P	R	H	I	N
BHC	0.954	0.050	0.116	0.201	0.784	0.383	2 498
HHC	0.960	0.043	0.122	0.205	0.835	0.366	2 372
HHM	0.957	0.047	0.121	0.210	0.781	0.408	2 609
IHM	0.961	0.043	0.127	0.214	0.819	0.382	2 466

4. 小结

上述实验结果表明，无论是在不同大小的数据集中，还是在不同的推荐列表长度下，IHM 算法无论是在准确性还是在多样性上都要优于对比的基准算法。同时 IHM 算法在提升准确性的情况下，能够同时提升推荐系统的多样性和新颖性。其中 HHC 在准确性上紧逼 IHM，但是随着数据集的增大，两者间的差距也更加明显，IHM 的准确性更好，这说明 IHM 更加符合大数据时代的实际情况，更有利于在大数据中取得更好的推荐效果。

综上所述，我们可以得出结论：IHM 在准确性、多样性和新颖性方面都大大优于 HHM，即改进后的算法可以进一步提高混合算法的推荐性能，同时能进一步解决推荐系统中准确性与多样性不可兼得的难题。

4.6.4 多样性提升分析

本书在提升准确性的同时提升了推荐算法的多样性和新颖性。为了分析为什么 IHM 算法在多样性、新颖性方面较好，我们观察了所使用的数据特征，我们将本书所使用的数据集进行数据可视化分析，我们发现在 Movielens-100K 数据集上，商品的编号与其自身的流行具有较明显的数据特征，即随着编号的增大，物品自身的流行性逐渐降低，如图 4-10 所示，即编号较大的物品流行性较低。这表明了用户购买的物品往往是那些编号的较小的物品。

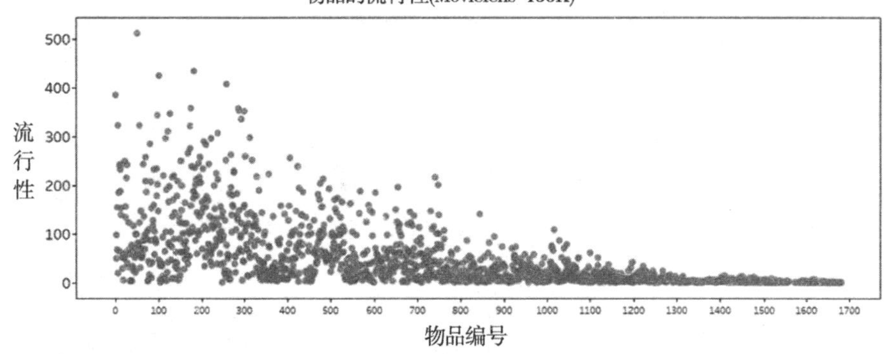

图 4-10　**在** Movielens-100K **中物品的流行性情况**

IHM 算法相比于 HHM 算法能够在提高准确性的同时提升多样性，那么 IHM 算法在为目标用户做出推荐的过程中，有没有考虑到将编号大的物品推送给用户呢？对此，我们比较了在 Movielens-100K 数据集中，通过 HHM 算法和 IHM 算法为用户产生的推荐列表。Movielens-100K 数据集中含有 946 个用户，所以我们按比例从两个算法对所有用户产生的推荐列表集中随机抽出的 32 个用户的推荐列表。

从图 4-10 可以看出，在物品编号为1 200及以后的物品，自身被购买的次数已经较少了，但是从散点图的密度来看，编号 1 200 以后的物品还是有很多的，所以本书重点比较了 IHM 算法和 HHM 算法对编号 1 200 以后物品的推荐力度。在图 4-11 中，本书画出了一条度为 1 200 的分界线。从图 4-11 的热力图中我们可以看出，IHM 算法对编号为 1 200 以后的物品推荐明显多于 HHM 算法，结合前面图 4-10 可以看出，编号为 1 200 以后的物品的度相对来说较小，即这些物品的流行性较低，而 IHM 算法对这些流行性较低的物品做出了推荐，而且推荐力度大于 HHM 算法。综合来看，这就可以说明 IHM 算法在推荐过程中能够比 HHM 算法更加照顾流行性较低的物品，这有利于推荐结果的多样性和新颖性。

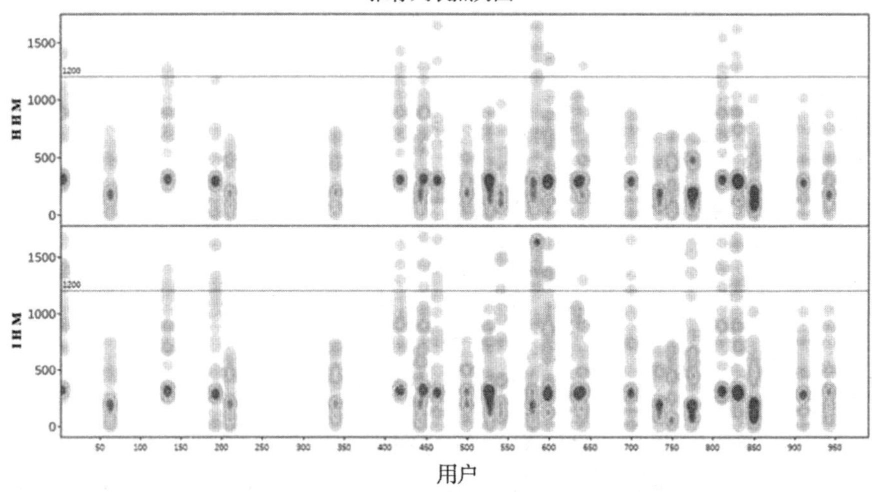

图 4-11　**在** Movielens-100K **中两个算法所给出的推荐列表**

注：横坐标代表用户的编号，纵坐标代表物品编号，一列就代表了当前用户的推荐列表。

为了进一步分析不同算法对不同流行性的物品的推荐力度，我们分别统计了四个算法在 Movielens-100K 数据上对不同流行性的物品推荐程度，并用指数函数和线性函数分别拟合了一条算法对不同流行性物品的推荐能力趋势线。如图 4-12 和 4-13 所示，在物品流行性较低的前部分，IHM 的推荐能力要高于其他三种算法，而在后半部分，即流行性较高的物品，IHM 的推荐能力确实低于其他三种算法。为了更好地比较算法对于流行性较低的物品的推荐能力，我们仔细对比了四种算法对度为 1、2 和 3 的物品推荐数量。从图 4-14 中我们可以看出，对于度为 1 的物品，IHM，HHC，BHC，HHM 算法的推荐数量分别为 674、628、409 和 323，而对于度为 2 的物品，算法的推荐数量分别为 426、391、296、230，对于度为 3 的物品，算法的推荐数量分别为 737、651、507、439。而从图 4-15 中可以看出，当物品的度大于 200 时，IHM 算法对这些物品的推荐数量比 HHM 以及其他两种算法都要低。综合来看，IHM 算法对流行性较低的物品推荐程度明显高于 HHM 算法以及其他两个对比算法，而对流行性较高的物品推荐程度低于 HHM 算法以及其他两个对比算法。这就说明了为什么 IHM 算法能够拥有更好的新颖性和多样性。此外，IHM 算法提升了对流行性较低的物品的推荐，这有利于进一步解决推荐系统的冷启动问题。

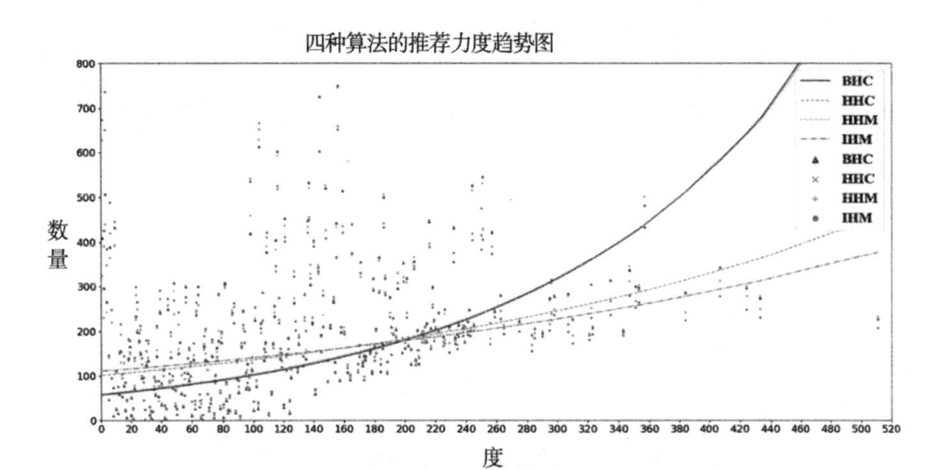

图 4-12　四种算法对不同流行性物品的推荐程度

注：横坐标为物品的度，纵坐标为不同算法对为当前度的物品的推荐数量，并通过指数函数分别拟合了一条推荐力度趋势线。

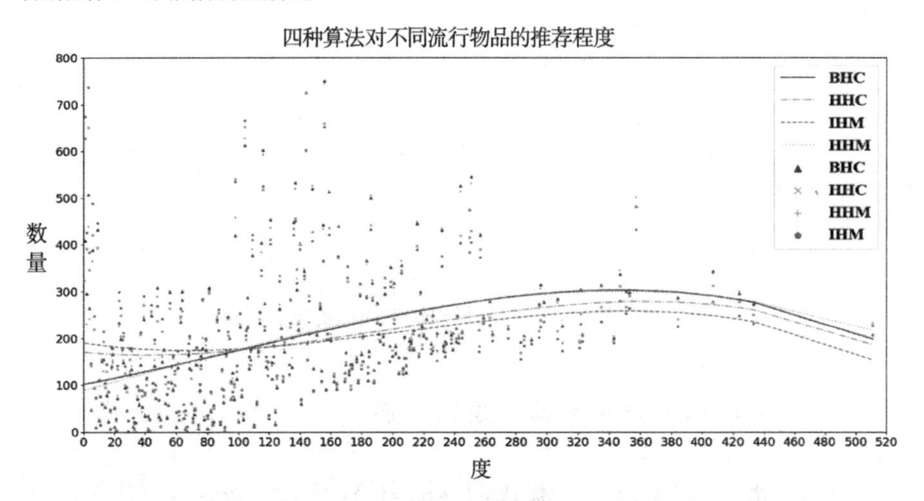

图 4-13　四种算法对不同流行性物品的推荐程度

注：通过线性函数分别拟合了一条推荐力度趋势线。

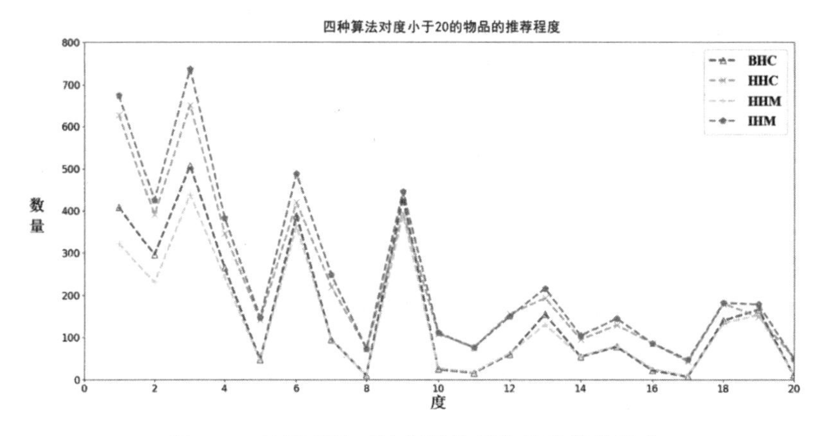

图 4-14　四种算法对流行性较低物品的推荐程度

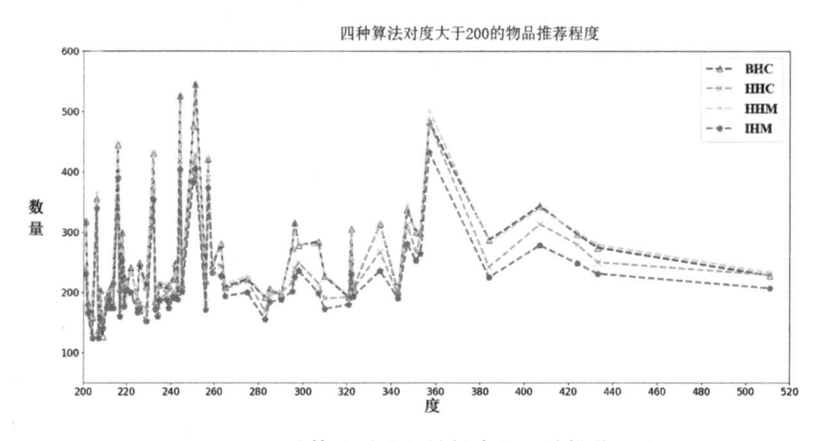

图 4-15　四种算法对流行性较高物品的推荐程度

4.6.5　数据划分对推荐结果的影响

通过十倍交叉验证了本书提出的算法 IHM 算法能够有效解决准确性与多样性不可能兼得的困境。但是实验数据不同的划分方法可能会对推荐结果产生影响，最优参数值通常主要取决于输入数据集和正在优化的度量。此外，通常没有任何参数设置或规则可以在任何时候使用，而不会显著损害推荐性能。如果通过与探测集的比较来直接优化方法参数，我们可能会得到方法性能的乐观偏差视图（样本内估计）。传统的将数据划分为一个训练集 E_{T} 和一个测试集 E_{P}，通过测试集 E_{P} 直接对推荐算法中的参数进行优化，这可能会产生优化的偏置和拟合[62]，为了更好地评估算法的性能，我们可以使用了一个新的数据划分来避免这种问题，即把原始数据分成三组，70%作为训练集 E_T，10%作为学习集 E_L，剩下的 20%作为探查集 E_P。首先对推荐方法在训练集 E_T 进行培训，然后通过对推荐性能的评估，利用 E_L 学习和优化推荐参数。在参数确定的情况下，在 $E_T \cup E_L$ 上重新计算推荐算法，最后通过与 E_P 的比较对推荐结果进行评估。

由于本书的推荐是基于二部图的，其优点在于计算简单，能更好地应用于实际。所以在新的数据划分下进行实验时，我们又对比了两个有关二部图推荐的最近的算法，即优先双向质量扩散（PBMD）[63] 和 CosRA 算法[64]。PBMD 算法考虑了资源在二部图之间的双向传播。该算法研究了对象的受欢迎度与推荐性能之间的关系，最后将对象受欢迎度的灵活惩罚融入双向质量扩散中，提出了一种基于优先双向质量扩散的新算法。CosRA 算法综合了余弦相似度和资源分配指数（RA），能较好地提升推荐算法的准确性。

CosRA 算法在前文中已经简要描述了，这里不再赘述。在物理动力学中，质量扩散已被用于设计二分网络上的有效推荐算法。但是，先前的研究绝大多数都集中在从收集的对象到未收集的对象的单向质量扩散上，而忽略了相反的方向，从而导致相似性估计偏差和性能下降的风险。此外，这些传统的推荐算法倾向于推荐流行的对象，这些对象不一定会提高准确性，这些确实有助于系统的发展，但会使推荐缺乏多样性和新颖性。为了克服上述缺点，G. Chen 等人通过惩罚双向扩散中流行物体的权重，通过增强算法查找不受欢迎对象的能力从而增强个人用户推荐的个性化的动机，应该在扩散过程中惩罚和抑制流行对象的权重。对象流行度对扩散过程的影响可能会因特定情况而不同程度地变化，因此引入两个自由参数 α 和 β 来分别确定双向扩散过程中对流行对象的惩罚程度，并使算法灵活和可调。可以想象，引入两个可调参数也将提高算法的准确性。因此，优先双向质量扩散（PBMD）算法的公式如下：

$$w_{ij} = \frac{1}{k(o_j)} \sum_{l=1}^{m} \frac{a_{li} a_{lj}}{k(u_l)} \tag{4-15}$$

$$w'_{ij} = \frac{w_{ji}}{\sum_{l=1}^{n} w_{ji}} \tag{4-16}$$

$$w_{ij}^{\mathrm{PBMD}} = \frac{1}{[k(o_i)]^{\alpha}} w_{ij} + \frac{1}{[k(o_j)]^{\beta}} w'_{ij} \tag{4-17}$$

在PBMD算法中同样具有两个参数，为了保证算法对比的公平性，同样地，PBMD算法的参数也是基于粒子群优化算法得到。表4-8中的结果都是基于三重划分的评价。

经过图4-9的粒子群迭代求解过程，当推荐列表长度为50和10时，IHM在Movielens-100K的最优参数分别为（0.74，0.78）和（0.64，0.78）时获得最大准确性Precision值，对于PBMD最优参数分别为（0.67，6.17）和（0.59，2.89），对于HHM最优参数分别为0.72和0.68。对于BHC最优参数分别为0.79和0.70。对于HHC最优参数分别为0.67和0.60。通过新的数据划分后，通过粒子群迭代获得参数以后，为了减少误差，在参数确定的情况下，本书又采取了10折交叉验证法进行了十次运算，用以进一步减少误差。结果如表4-8所示，表中加粗的值表示推荐算法在某一标准表现得最好。分别定义推荐长度$L=50$和$L=10$。

首先，从表4-8可以看出，采用了新的数据划分的实验中，无论推荐列表长度为50或10，IHM算法的评价算法性能的七个评价指标的值都是要优于HHM算法，这就和前文相呼应，表明IHM算法在准确性、多样性、新颖性方面要优于HHM算法，所以进一步说明本书的改进是有所成效的。

其次，从表4-8可以看出，在与其他对比算法进行性能比较时，当推荐列表长度为50时，IHM算法仅仅是在Recall值上略低于HHC算法，而在其他有关准确性的AUC、rankSore和Precision，以及有关多样性的Hamming、Inter-similarity和Novelty等六个评价值上均取得最优值，这表明IHM算法所取得的算法整体性能是要优于对比算法BHC、HHC、PBMD以及CosRA算法的。而当推荐列表为10时，IHM算法在准确性方面依然取得了最优性能，虽然在多样性方面略逊于HHC算法，但是本书的参数是基于准确性得到的，这也在合理的范围之内。

表4-8　在Movielens-100K数据集采用三分法划分后算法的性能表现

$L=50$	AUC	r	P	R	H	I	N
CosRA	0.922 7	0.098 1	0.147 4	0.513 9	0.709 5	0.301 9	186
BHC	0.928 2	0.091 0	0.151 6	0.510 6	0.784 9	0.271 8	157
HHC	0.933 3	0.085 1	**0.157 7**	**0.534 4**	0.815 8	0.273 1	154
PBMD	0.933 4	0.084 8	0.157 6	0.533 1	0.821 4	0.270 5	152
HHM	0.929 7	0.090 5	0.153 6	0.526 7	0.776 7	0.284 0	165

续表

$L=50$	AUC	r	P	R	H	I	N
IHM	**0.933 6**	**0.084 3**	**0.157 7**	0.530 0	**0.829 3**	**0.266 6**	**148**
L=10	AUC	r	P	R	H	I	N
CosRA	0.923 3	0.098 1	0.270 6	0.222 1	0.802 7	0.393 2	262
BHC	0.925 9	0.085 1	0.277 2	0.214 8	0.853 3	0.378 6	238
HHC	0.931 7	0.087 7	0.290 6	0.224 2	0.880 1	0.368 5	225
PBMD	0.931 4	0.088 1	0.288 7	0.223 4	0.875 8	0.370 6	228
HHM	0.928 7	0.091 9	0.285 8	0.221 6	0.861 7	0.378 8	235
IHM	**0.931 7**	**0.088 2**	**0.292 1**	**0.225 8**	0.875 3	**0.372 4**	**228**

下面展示在通过粒子群算法进行参数优化以后，采用线性关系的HHM算法与本书所提算法在十次运算中每个标准值的变化情况（见图4-16～4-20）。

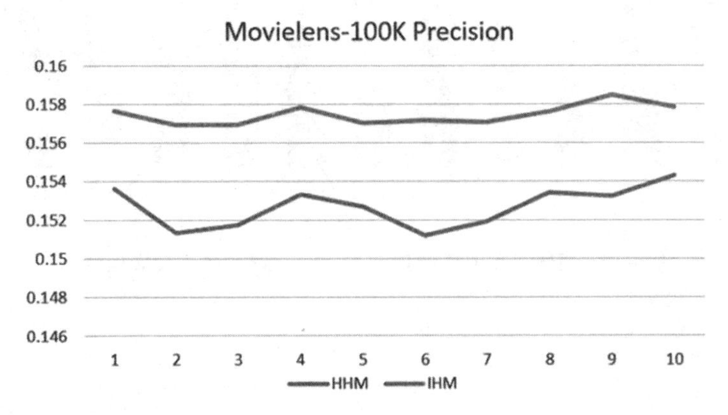

图4-16　HHM**和**IHM**算法在**Precision**中的十次表现情况**

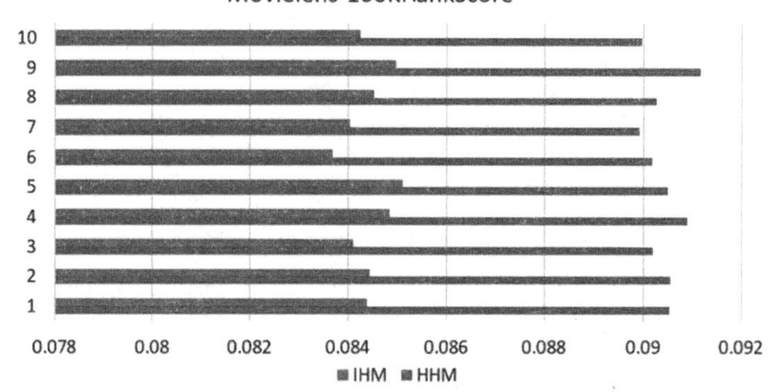

图 4-17　HHM 和 IHM 算法在 RankScore 中的十次表现情况

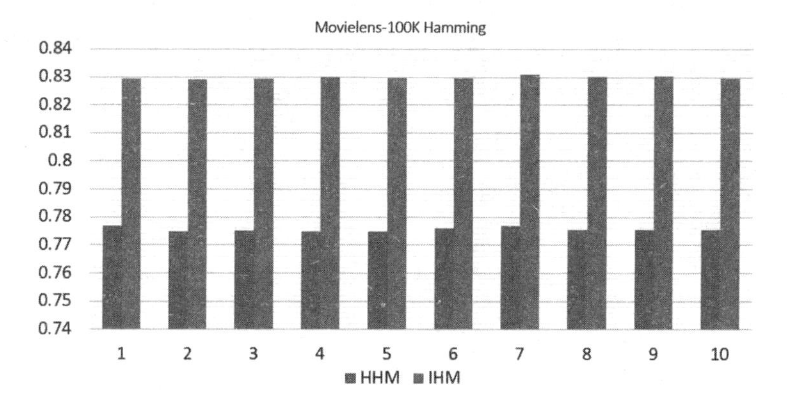

图 4-18　HHM 和 IHM 算法在 Hamming 中的十次表现情况

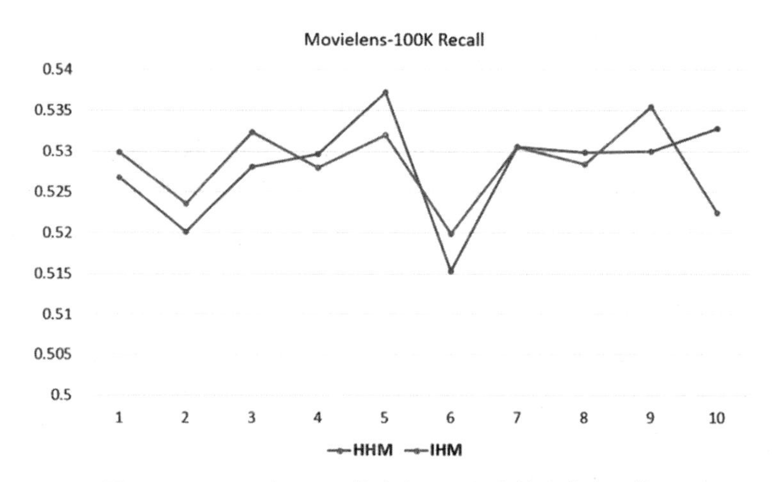

图 4-19　HHM 和 IHM 算法在 Recall 中的十次表现情况

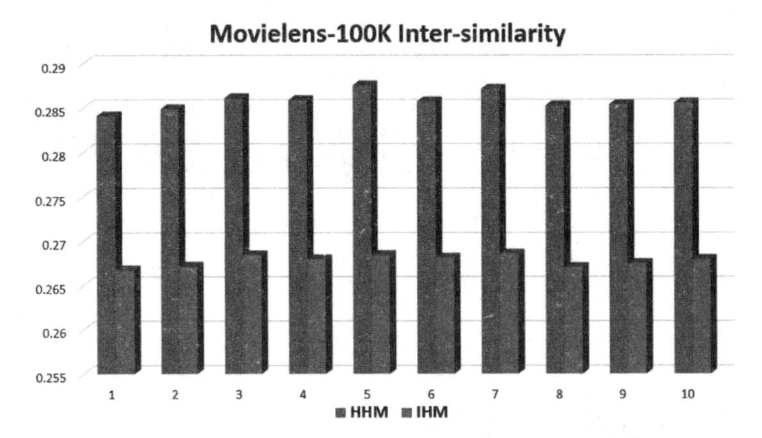

图 4-20　HHM 和 IHM 算法在 Inter-similarity 中的十次表现情况

5 基于 word2vec 的推荐系统模型研究

5.1 word2vec 模型

在 NLP 中（自然语言处理），传统算法通常使用 one-hot 形式表示一个词，存在以下问题：

（1）词语表示过长会导致整个含有向量的数据空间过大。

（2）损失语义信息，词典表示的编码无法表示词语之间语义的信息。

word2vec 引入了 word embeding 的概念，具有以下优势：

（1）用常量维度的向量表示词来压缩数据存储。

（2）词向量间的夹角一定程度上表示词与词间的属性相似，这在某种程度上形成了关系交互模式的拟合。

word2vec 最常用的模型[65]有两个，分别是 CBOW[66]和 Skip-gram[67]。

5.1.1 CBOW

CBOW 语言模型又称连续词袋模型，其通过一句话中目标词前后的单词来预测目标词出现的概率。然后通过神经网络的迭代调整参数来让模型的输出与最终结果的误差降到阈值以下。如图 5-1 所示为 CBOW 语言模型。

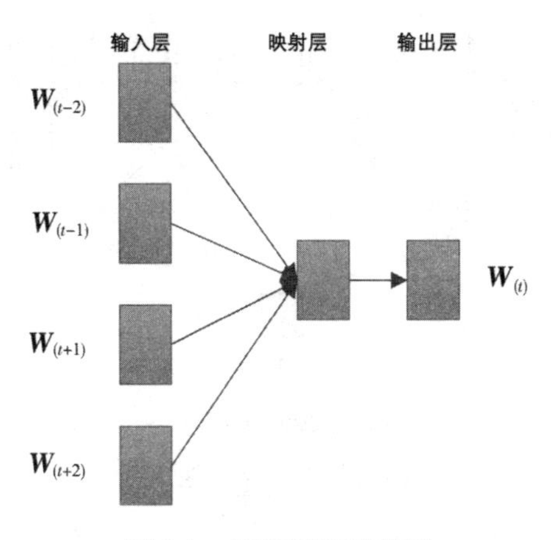

图 5-1　CBOW 语言模型

该模型分为三部分：

第一步，给每个节点的权重计算均值并得到隐藏层 h 的输出：

$$h_{1\times N}=\frac{1}{C}W_{V\times N}\sum_{i=1}^{n}x_i \tag{5-1}$$

第一步计算是为了收集目标单词周围 C 个单词的信息并输入到模型当中。

第二步，为了得到词向量，采用的方式是将 h 的输出与权重进行点积计算：

$$u_{1\times v}=h_{1\times N}\cdot W'_{N\times V} \tag{5-2}$$

第三步，为了不断地进行迭代计算需要通过 softmax 计算一个输出层的 y 值，为了不断更新 W 和 W' 必须让 y 值尽可能大：

$$y=P(w_y\mid w_1,w_2,\cdots,w_{n-1})=\frac{\exp(u_j)}{\sum_{i=1}^{V}\exp(u_i)} \tag{5-3}$$

如图 5-2 所示为 softmax 分类。

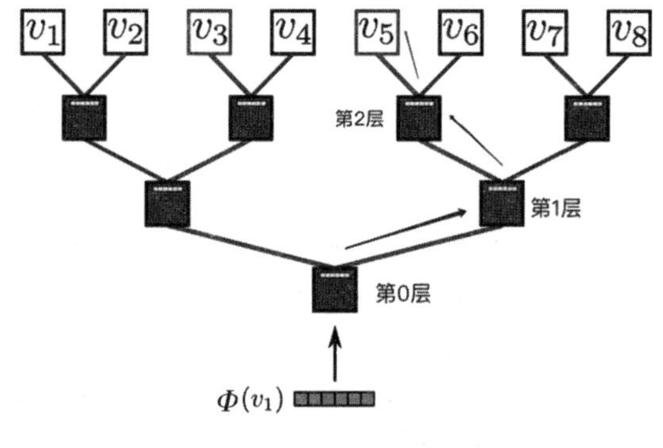

图 5-2　softmax **分类**

构建一个二叉树，每一个词或者分类结果都分布在二叉树的叶子节点上，在做实际分类的时候，从根节点一直走到对应的叶子节点，在每一个节点都做一个二分类。假设这是一颗均衡二叉树，并且词袋的大小是 $|V|$ ，那么从根走到叶子节点只需要进行 $\log_2|V|$ 次计算,远远小于 $|V|$ 的计算量。

此时前向传播过程已经结束，接下来是用反向传播来调参，损失函数的定义如下：

$$E=-\log P(w_o|w_i)=-v_{wo}^t\cdot h-\log\sum_{j=1}^{V}\exp(v_{wj}^T\cdot h) \tag{5-4}$$

接下来是更新参数 w 和 w' ：

$$w'^{(\text{new})}=w'^{(\text{old})}_{ij}-\eta\cdot(y_j-t_j)\cdot h_i \tag{5-5}$$

$$w^{\text{new}}=w_{ij}^{(\text{old})}-\eta\cdot\frac{1}{C}\cdot EH \tag{5-6}$$

5.1.2　Skip-gram

Skip-gram 语言模型的目的是通过目标词预测周围的 C 个单词，然后通过神经网络不断迭代来降低误差（见图 5-3）。

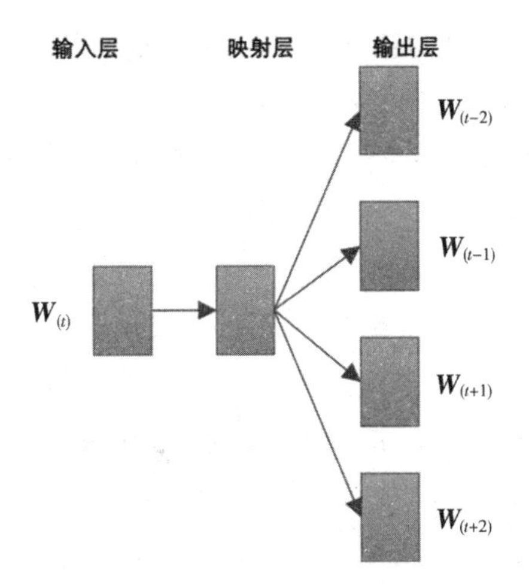

图 5-3　Skip-gram 语言模型

首先通过权重矩阵 $\boldsymbol{W}$ 和随机的 x 来计算隐藏层 h：

$$h_{1\times N}=x_{1\times V}\boldsymbol{W}_{V\times N} \tag{5-7}$$

通过隐藏层 h 和输出层参数 $\boldsymbol{W}'_{N\times V}$ 相乘得到 C 个输出层节点。

$$u_{1\times V}=h_{1\times N}W'_{N\times V} \tag{5-8}$$

最后通过 softmax 求出概率。

$$P(w_{c,j}=w_{O,c}\mid w_I)=y_{c,j}=\frac{\exp(u_{c,j})}{\sum_{i=1}^{V}\exp(u_i)} \tag{5-9}$$

之后是定义损失函数更新参数。

$$E=-\log P(w_{O,1}, w_{O,2}, \cdots, w_{O,c}\mid w_I)=-\log\prod_{i=1}^{c}\frac{\exp(u_{i,j})}{\sum_{k=1}^{V}\exp(u_k)}$$

$$\Rightarrow W'^{(\text{old})}_{ij}-\eta\cdot\sum_{i=1}^{C}(y_{i,j}-t_{i,j})\cdot h_k \tag{5-10}$$

$$\Rightarrow W^{(\text{new})}=W^{\text{old}}_{ij}-\eta\cdot\sum_{j=1}^{V}\sum_{i=1}^{C}(y_{i,j}-t_{i,j}\cdot w'_{i,j}\cdot x_j) \tag{5-11}$$

从两者的更新公式来看，Skip-gram 会多出一个求和过程，因此在语料库非常大的时候选择 CBOW 会使得运算更快一点。

5.1.3　分层 softmax

满 softmax 和分层 softmax 其实是两个概念，两者的时间效率非常接近，Morin 和 Bengio 最早提出分层 softmax 的概念。分层 softmax 的优点在于无须遍历所有节点而只需要计算 $\log_2(W)$ 个节点。

分层 softmax 的输出层是一个节点个数为 W 的二叉树。这样的数据存储方式是在逻辑上排序并且查询效率极高。

每一个节点 w 都是从根节点遍历查询得到的，假设 $n(w, j)$ 表示从根节点出发到 w 节点的第 j 个节点，$L(w)$ 表示从根节点 root 到节点 w 的长度。我们就可以得知一个信息，即 $n(w, 1)=\text{root}$ 和 $n(w, L(w))=w$。我们可以假设任意一个节点 n，$\text{ch}(n)$ 表示 n 的任意一个子节点，如果 x 的值为 1，那么 $[[x]]$ 为 true；x 的值为 -1，则 $[[x]]$ 为 false，那么分层 softmax 定义的 $p(w_o \mid w_I)$ 如下所示：

$$p(w \mid w_I)=\prod_{j=l}^{L(w)-l} \sigma([[n(w, j+1)=\text{ch}(n(w, j))]] \cdot V'_{n(w, j)} V_{W_I}) \tag{5-12}$$

其中，$\sigma(x)=1/(1+\exp(-x))$。已经证明 $\sum_{w=1}^{W} p(w \mid w_I)=1$。由公式可以看出，计算 $\log p(w_o \mid w_I)$ 和 $\nabla \log p(w_o \mid w_I)$ 跟 $L(w_o)$ 成正比，而且 $L(w_o)$ 的值不大于 $\log(w)$，与 Skip-gram 中的标准 softmax 不同的是，标准 softmax 为每个单词 w 分配两个词向量 vw 和 $v'w$，而分层 softmax 为二叉树节点仅仅分配一个词向量。

将树结构应用在 softmax 分层中已经取得了良好的实验结果。通过对树结构的优化可以在训练时间减少的同时提高词向量的准确率。本书构建的 word2vec 模型中使用哈夫曼树结构，因为它可以为高频单词分配短边结果。

5.1.4 负采样

如果要找一个分层 softmax 的替代品，那么噪声对比评估（NCE）应该是最适合的了。它由 Gutmann 和 Hyvarinen 提出并应用到语言模型中。NCE 利用逻辑回归分离数据和噪声。

NCE 可以让 softmax 的对数概率最大化，因此 word2vec 模型可以将全部精力用于获取高质量词向量。负采样公式如下：

$$\log\sigma(v'_{w_o} v_{w_I})+\sum_{i=1}^{k} E_{w_i \sim p_n(w)}[\log\sigma(-v'_{w_i} v_{w_I})] \tag{5-13}$$

该公式可以替换 Skip-gram 模型中的任何一项 $\log P(w_o \mid w_I)$，而我

们的目的则是利用逻辑回归法将分布为 $P_n(w)$ 的目标单词检索出来。每个数据集有 k 个负样例。研究表明，k 的取值最好介于 5～20 之间。负采样（NEG）与 NCE 的主要区别在于前者需要样例数据而后者通过简单的数据集就可以获取词的所有特征。

5.1.5 高频词再抽样

一般在大型数据集中会将词按照出现频率的高低进行划分，据研究发现，往往那些最高频的单词没有意义，比如中文中的“的”“了”等等。而介于高频词和低频词中间的那部分单词才是自然语言处理的研究重点。因此，如何将处于两端的单词从训练模型中剔除是使用者关心的重点，本书使用的方法是：如果单词 w_i 在训练集中出现的频率大于下面的公式，就将该单词从语料库中移除。

$$P(w_i)=1-\sqrt{\frac{t}{f(w_i)}} \tag{5-14}$$

其中，$f(w_i)$ 表示单词 w_i 的频率，t 是一个阈值，选择该公式进行高频单词处理是因为该公式在抽样方法中表现良好。

5.2 基于 word2vec 的图随机游走推荐优化模型

传统的二部图推荐模型只考虑了用户和物品的历史交互行为。为了提供更加准确、多样和可解释的推荐，需要在用户-物品交互式建模的基础上充分考虑标签辅助信息及权值的计算方式。因此，本章提出了一个基于 word2vec 的图随机游走推荐优化模型（LWV），该算法通过深度挖掘标签文本之间在词向量空间当中的相似性来优化其他同类推荐算法的推荐列表，该算法更新图中权重的方式借鉴了图论中随机游走模型的思想。

5.2.1 基于图随机游走更新权重

1. 图随机游走模型

随机游走（random walk）是图论中的重要算法[68]，在数据挖掘领域有广泛的应用。简而言之，随机游走算法构建了若干个随机游走器(random walker)。随机游走器从某个节点初始化，之后在每一步随机游走中，随机地访问当前节点的某个邻接节点。

基于随机游走思想的一项著名应用即为谷歌的 PageRank 算法[69]，如图 5-4 所示。PageRank 算法中，每个随机游走器均模仿了一个用户浏览互联网时的行为：用户随机地点击当前网页中的某个链接，跳转到下一个网站。被更多用户访问的网站代表更加热门，在搜索引擎中出现的位置也会更加靠前。PageRank 是在图上运行的：基于链接的指向关系，所有互联网页面构成了一个图结构。因此，通过构建网页之间的链接关系图，搜索引擎就能为所有网页计算权重并排序[70]。

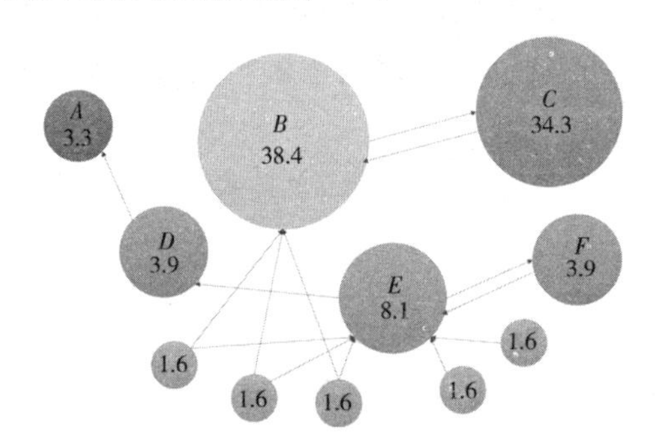

图 5-4　PageRank **算法示意图**

简单的 PageRank 公式：

$$\mathrm{PR}(u)=\sum_{v\in B(u)}\frac{\mathrm{PR}(v)}{O(v)} \tag{5-15}$$

上述公式表示当目标用户停留在某网页时，点击该网页超链接跳转向另一个网页的概率。v 表示一个网页，且该网页还有一个指向 u 的链接；$O(v)$ 表示网页 v 含有的链接数量；$B(u)$ 是所有链接到 u 网页的集合。

(1) 迭代求解过程（见图 5-5）。

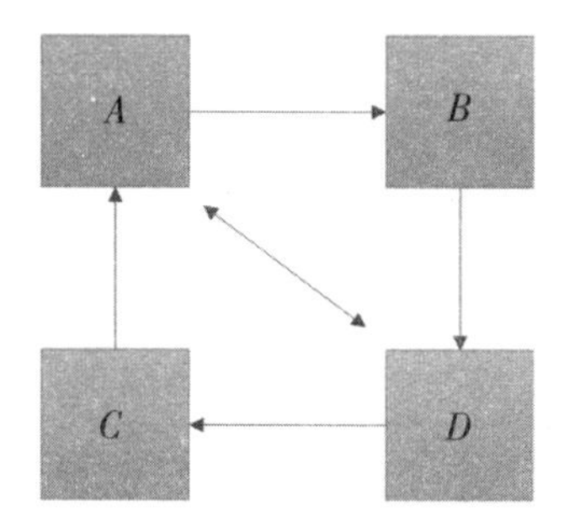

图 5-5　PageRank **简单计算实例**

对于图 5-5 所示这个例子，将 $\mathrm{PR}(A_0)=\mathrm{PR}(B_0)=\mathrm{PR}(C_0)=\mathrm{PR}(D_0)=\frac{1}{4}$ 代入公式（5-15）并迭代一次：

$$\mathrm{PR}(A_1)=\frac{\mathrm{PR}(C_0)}{L(C_0)}+\frac{\mathrm{PR}(D_0)}{L(D_0)}=\frac{3}{8} \tag{5-16}$$

$$\mathrm{PR}(B_1)=\frac{\mathrm{PR}(A_0)}{L(A_0)}=\frac{1}{8} \tag{5-17}$$

$$\mathrm{PR}(C_1)=\frac{\mathrm{PR}(D_0)}{L(D_0)}=\frac{1}{8} \tag{5-18}$$

$$\mathrm{PR}(D_1)=\frac{\mathrm{PR}(A_0)}{L(A_0)}+\frac{\mathrm{PR}(B_0)}{L(D_0)}=\frac{3}{8} \tag{5-19}$$

一直迭代到误差值低于设定的阈值并最终收敛。

（2）矩阵表达的迭代求解过程。

$\boldsymbol{M}$ 代表转移概率矩阵，$m_{i,j}$ 表示从状态 j 转移到状态 i 的概率，必须满足下述条件：

$$m_{i,j}\geqslant 0,\ \sum_{i=1}^{n} m_{i,j}=1 \tag{5-20}$$

假设用户通过网页跳转到其他网页的概率是相等的，在转移概率矩阵中，$m_{i,j}$ 表示网页 j 链接网页 i 的概率；在不同时刻 t 的 PR 值用一个 n 维列向量 $\boldsymbol{R}_t$ 表示。随机游走在 t 时刻访问各个节点的概率可以用马尔科夫链的状态分布表示。在 $t+1$ 时刻访问节点的概率分布 R_{t+1} 满足：

$$\boldsymbol{R}_{t+1}=\boldsymbol{M}\boldsymbol{R}_t \tag{5-21}$$

用矩阵表示上述过程为

$$\begin{bmatrix} 0 & \cdots & 1/2 \\ \vdots & \ddots & \vdots \\ 1/2 & \cdots & 0 \end{bmatrix}\begin{bmatrix} 0 & \cdots & 1/4 \\ \vdots & \ddots & \vdots \\ 1/4 & \cdots & 0 \end{bmatrix}=\begin{bmatrix} 0 & \cdots & 1/8 \\ \vdots & \ddots & \vdots \\ 1/8 & \cdots & 0 \end{bmatrix} \tag{5-22}$$

将上述过程重复进行，不断迭代直到最终值收敛。

PageRank 模型模拟用户在上网时浏览网页的过程。简单模型的网络是强连通的，但是一般而言应用场景十分苛刻，大多数的网络不具备这一特点。若在这些网页中应用 PageRank 算法会导致无法弹出的问题，更进一步地说如果网络结构存在闭环结构，闭环结构指没有节点连接外部节点，网页的 PageRank 值就会在闭环结构中累计，使得闭环节点有着非常高的重要度。下面对该问题做出阐述。

Rank Leak 问题：有些节点没有指向其他节点的链接，因此迭代收敛后所有节点的 PageRank 值都为 0（见图 5-6）。

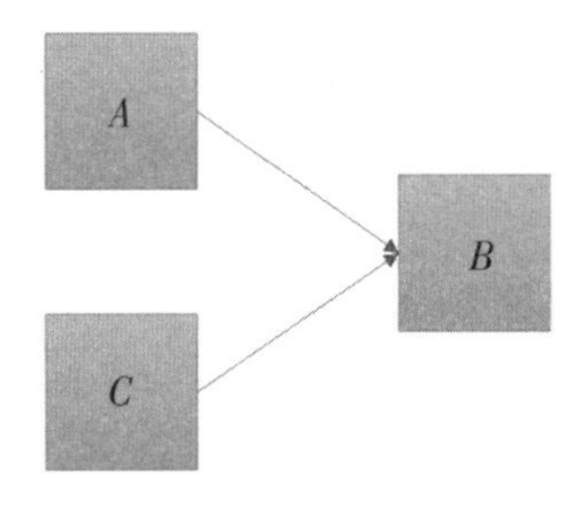

图 5-6　Rank Leak **网络结构**

从表 5-1 可以看出，由于节点 B 没有出度，导致网页 A 和 C 的 PageRank 值为 0，进而 B 的 PageRank 值也变为 0，最后所有的节点 PageRank 值都会变为 0。

表 5-1　Rank Leak **网络结构** PageRank **计算结果**

PR 值	PR（A）	PR（B）	PR（C）
初始值 $= 1/n$	1/3	1/3	1/3
$t=1$	0	2/3	0
$t=2$	0	0	0

Rank Sink 问题：当所有节点连成一个圈时，PageRank 无限增大（见图 5-7）。

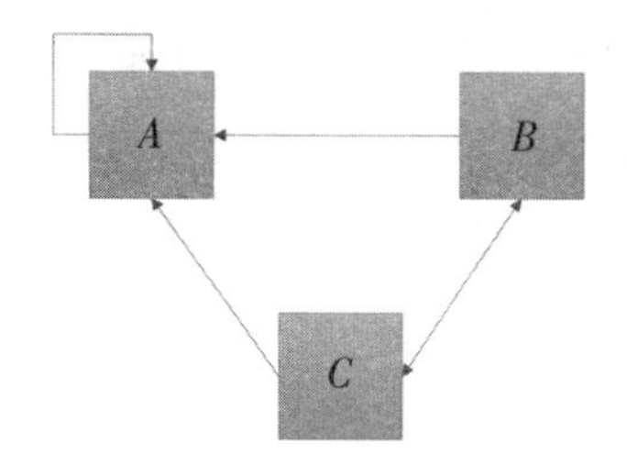

图 5-7 Rank Sink 网络结构

$$\mathrm{PR}(u)=d\sum_{v\in B(u)}\frac{\mathrm{PR}(v)}{O(v)}+\frac{1-d}{n} \tag{5-23}$$

阻尼系数 d 表示浏览网页节点时有 d 的概率跳转到某网页，$1-d$ 的概率跳转到其他网页，n 表示该网页超链接的数量。

上述一般 PageRank 公式用矩阵表达如下：

$$\boldsymbol{A}=d\boldsymbol{M}+\frac{1-d}{n}\boldsymbol{e}\boldsymbol{e}^{\mathrm{T}} \tag{5-24}$$

$$\boldsymbol{R}_{t+1}=\boldsymbol{A}\boldsymbol{R}_{t} \tag{5-25}$$

其中，$\boldsymbol{M}$ 代表网络的状态转移矩阵，$\boldsymbol{e}$ 的每一个值都是 1 的 n 维列向量。

2. 基于推荐系统改进的图随机游走模型

在上面的章节中我们介绍了 PageRank 算法，这是一种用于网页排名的随机游走算法，如果我们将网页节点用用户物品节点代替，将网页间的链接用用户物品之间的交互关系代替的话，推荐列表的重新排列实际上就是一个图上的排名过程，而更新排名的过程完全可以用随机游走的思想来解决[71]。

PersonalRank 是基于 PageRank 算法改进而来的，其作用领域为推荐系统。图 5-8 所示是 PersonalRank 的一个例子。

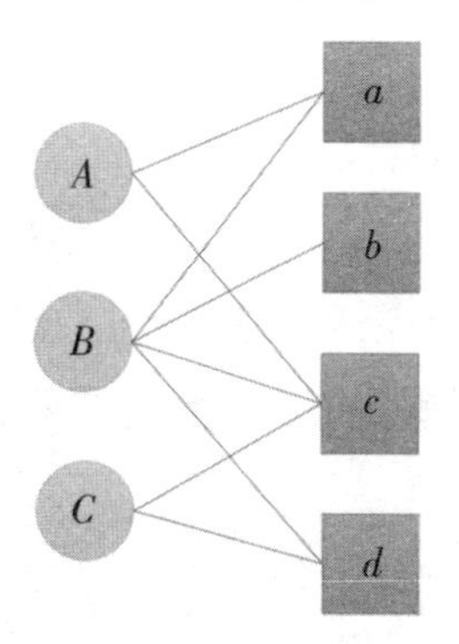

图 5-8 用户-物品二部图

上面的二部图 5-8 表示用户 A 购买过物品 a 和 c，B 购买过 a，b，c，d，C 购买过 c 和 d。本书假设每条边代表的满意程度是一样的。

现在我们要为用户 A 推荐物品，实际上就是计算 A 对所有物品的感兴趣程度。这样一来问题就转化成：对节点 A 来说，节点 A，B，C，a，b，c，d 的重要度各是多少。重要度用 PR 来表示。

初始赋予 $\mathrm{PR}(A)=1$，$\mathrm{PR}(B)=\mathrm{PR}(C)=\mathrm{PR}(a)=\mathrm{PR}(b)=\mathrm{PR}(c)=\mathrm{PR}(d)=0$，即对于用户 A 来说，他自身的重要度为满分，其他节点的重要度均为 0。

然后开始在图上游走。每次都是从 PR 不为 0 的节点开始游走，往前走一步。继续游走的概率是 α，停留在当前节点的概率是 $1-\alpha$。

第一次游走，从 A 节点以各自 50%的概率走到了 a 和 c，这样 a 和 c 就分得了 A 的部分重要度，$\mathrm{PR}(a)=\mathrm{PR}(c)=\alpha\times\mathrm{PR}(A)\times 0.5$。最后 $\mathrm{PR}(A)$ 变为 $1-\alpha$。第一次游走结束后 PR 不为 0 的节点有 A，a，c。

第二次游走，分别从节点 A，a，c 开始，往前走一步。这样节点 a 从 A 分得 $1/2\alpha$ 的重要度，节点 c 从 A 分得 $1/2\alpha$ 的重要度，节点 A 从 a 分得 $1/2\alpha$ 的重要度，节点 A 从 c 分得 $1/3\alpha$ 的重要度，节点 B 从 a 分得 $1/2\alpha$ 的重要度，节点 B 从 c 分得 $1/3\alpha$ 的重要度，节点 C 从 c 分得 $1/3\alpha$ 的重要度。最后 $\mathrm{PR}(A)$ 要加上 $1-\alpha$。

经过以上推演，可以概括成以下公式：

$$\mathrm{PR}(j)=\begin{cases}\alpha\sum\limits_{i\in in(j)}\dfrac{\mathrm{PR}(i)}{|\mathrm{out}(i)|} & (j\neq u)\\ (1-\alpha)+\alpha\sum\limits_{i\in in(j)}\dfrac{\mathrm{PR}(i)}{|\mathrm{out}(i)|} & (j=u)\end{cases}\tag{5-26}$$

其中，u 为目标用户节点。

上述同样可以用矩阵转移来表示：

$$\boldsymbol{r}=(1-\alpha)\boldsymbol{r}_0+\alpha\boldsymbol{M}^{\mathrm{T}}\tag{5-27}$$

其中，r 是个 n 维向量，每个元素代表一个节点的 PR 值，$\boldsymbol{r}_0$ 也是 n 维向量，第 i 个位置上是 1，其余元素为 0，我们就是要为第 i 个节点进行推荐。$\boldsymbol{M}$ 是 n 阶转移矩阵：

$$M_{i,j}=\begin{cases}\dfrac{1}{|\mathrm{out}(i)|}, & j\in\mathrm{out}(i)\\ 0 & \text{其他}\end{cases}\tag{5-28}$$

公式（5-15）可以得到两种变形：

$$(\boldsymbol{I}-\alpha\boldsymbol{M}^{\mathrm{T}})\boldsymbol{r}=(1-\alpha)\boldsymbol{r}_0 \tag{5-29}$$

$$\boldsymbol{r}=(\boldsymbol{I}-\alpha\boldsymbol{M}^{\mathrm{T}})^{-1}(1-\alpha)\boldsymbol{r}_0 \tag{5-30}$$

通过上述两种变形，解一次线性方程组可以得到 $\boldsymbol{r}$，对 $\boldsymbol{r}$ 中各元素降序排列去除前 K 个就得到了节点 i 的推荐列表。

3. LWV 推荐模型权重计算

LWV 算法实现过程的第一步是通过任意基础推荐算法获取目标用户的前 nL（L 在本算法中设为 50，$n>1$）个物品推荐值，并将原推荐值作为边的权重，如图 5-9（a）所示。

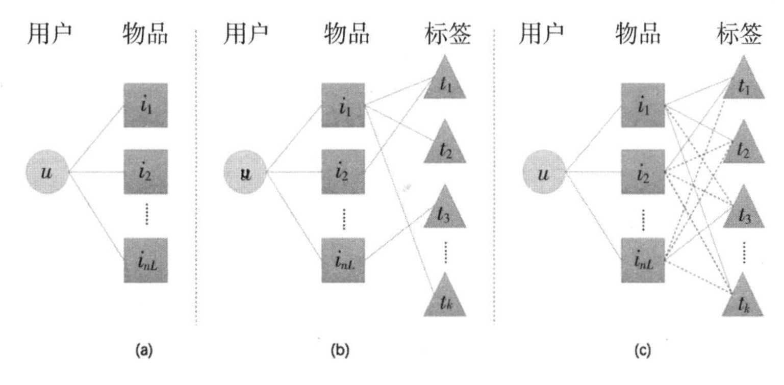

图 5-9　LWV **三部图模型**

图 5-9 是 LWV 方法构建三部图的流程图。（a）构建目标用户-物品的二部图，并赋予 $e(u, i)$ 权重。（b）在二部图中引入标签。（c）在物品-标签两两间构建新的交互并由 word2vec 计算标签相似性结合用户历史行为赋予 $e(i, t)$ 权重。

通过目标用户与基础算法推荐的 nL 个物品来构建了用户-物品二部图，接着通过在用户-物品二部图中引入标签节点建立三部图模型。令 $G(u, I, T)$ 表示用户-物品-标签三部图。其中节点 $V=u\cup V_i\cup V_t$ 由单个目标用户 u、ICF 推荐的 nL 个物品集合 V_i，和这 nL 个物品在标签数据集中对应的标签集合 V_t 组成。对于目标用户 u 和物品节点 V_i，图中都有一条对应的边 $e(u, i)$，边的权重 $(W_{u,i})=A(u, i)$，$A(u, i)$ 是任意推荐算法给出的对于目标用户 u、物品 i 的推荐值。对于图中任意二元组 (i, t)，图中都有一条对应的边 $e(i, t)$。值得注意的是用户和标签之间没有交互的边。

赋予三部图中的物品-标签之间的边 $e(i, t)$。通过词向量模型得到单词间的相似度范围为－1 到 1。在本书建立的模型中，为了最后在整张三部图上进行随机游走推荐，边的权重范围必须是一个正数，且 $e(u, i)$ 权重范围是 0 到 1，与之对应，使用如下公式将相似性范围缩放到 0 到 1 之间[72]：

$$y=\frac{w_{tt'}-\min}{\max-\min} \tag{5-31}$$

其中，min＝－1，max＝1，$w_{tt'}$ 为 word2vec 计算出的标签 t 和标签 t' 的相似性，y 是缩放后标签 t 和 t' 的相似性。

传统的图随机游走算法只考虑图中节点间有无交互而构建节点之间边的权重，本书认为将标签辅助信息引入传统的用户-物品二部图，并基于用户历史行为和辅助信息生成新的节点间交互关系且构建更加有说服力的权重是成功推荐的重要因素。标签的辅助信息采用在词向量空间中的相似性来为模型在图中构建新的交互关系提供理论依据。如图 5-9（b）中，实线是数据集中已有的交互关系，图 5-9（c）中的虚线是 LWV 模型生成的新的交互关系。比如用户购买了一个物品 a，物品 a 被其他用户打上了“鼠标”这个标签，而物品 b 有一个“键盘”标签，“键盘”“鼠标”两个词在文本上的相似性是比较高的，此时可以生成两条边 e（a，“键盘”）和 e（b，“鼠标”），并根据“键盘”和“鼠标”的相似性赋予这两条边一个权重。虽然 e（a，“键盘”）和 e（b，“鼠标”）的权重可能远远小于 e（a，“鼠标”）和 e（b，“键盘”），但是许多条边的生成最终会对最后的推荐列表产生影响。这种处理方式可以更好地挖掘数据间深层次的关系，并使推荐结果具有可解释性。更详细的如图 5-9（c）中对于物品 i_1 在数据集中被用户打上了 t_1，t_2，t_k 三种标签，那么对于 t_i 这个物品，它的标签集合为 $N_{i1}=\{t_1, t_2, t_k\}$，此时标签 t_3 不在集合中，模型要生成 i_1 到 i_3 的新边，该边的权重要同时受到 N_{i1} 中所有元素的影响，具体如下：

$$S_{i,t}=\begin{cases} n_{t,i} & t\in N_i, \\ \sum\limits_{t'\in N_i}\dfrac{(w_{tt'}+1)\times n_{t'i}}{2m_i}, & t\notin N_i \end{cases} \tag{5-32}$$

其中，$w_{tt'}$ 是标签 t 和 t' 之间通过 word2vec 计算出来的相似性，m_i 是 N_i 的长度，$n_{t,i}$ 是物品 i 被打上标签 t 的次数，一个物品被打上相同标签次数越多，证明该标签更加符合这个物品的本质。在数据集上有些标签并不准确，因此，通过引入 $n_{t,i}$，惩罚了这些错误标签对推荐结果的影响。

$$S'_{i,t}=\frac{s_{i,t}}{\max(S_{i,t})} \tag{5-33}$$

同样地，需要将 $S_{i,t}$ 缩放到 0 和 1 之间。

5.2.2 更新推荐列表

在传统二部图的基础上，本书构建了用户-物品-标签三部图推荐模型，通过引入标签辅助信息，在物品-标签间生成新的用于随机游走的带权重的边。

在构造好三部图后，本书通过随机游走算法来确定最终推荐列表。由于每个用户都拥有一个唯一的三部图，可用随机游走算法计算所有物品节点相对于用户节点的重要度，按照重要度的高低生成推荐列表，因此本质是一个图上节点的排名问题。模型要计算用户 u 的三部图中其余节点相对于用户 u 的重要度，则从用户 u 对应的节点开始执行图随机游走算法：每到一个节点都以 $1-d$ 的概率停止游走并从 u 重新开始，或者以 d 的概率继续游走，确定游走概率后从当前节点指向的节点中按照均匀分布随机选择一个节点赋予部分重要度。这样经过很多轮游走之后，每个节点被访问到的概率都会收敛并趋于一个稳定值[73]。

$$\mathrm{PR}(v)=\begin{cases} d\sum\limits_{v'\in out(v)}\dfrac{\mathrm{PR}(v')s}{|\mathrm{out}(v')|}, & v\neq v_u \\ (1-d)+d\sum\limits_{v'\in out(v)}\dfrac{\mathrm{PR}(v')s}{|\mathrm{out}(v')|}, & v=v_u \end{cases} \tag{5-34}$$

公式中的 $\mathrm{PR}(v)$ 是节点 v 的访问概率（重要度），v_u 是用户节点，d 是用户继续访问网页的概率。d 值在文献［74］中被认为值为 0.85 时效果最好。$\mathrm{out}(v)$ 表示与 v 有边连接的节点集合。在每次游走的初始，用户的 PR 值设置为 1，其余节点的 PR 值均设置为 0。

本书设置最大迭代次数为 100，在图中游走完所有边算一个迭代，在图中迭代 100 次后每个节点的概率都趋于稳定，最后取重要度最高的前 L 个物品节点作为最终推荐列表。

模型通过基础算法获取单个目标用户推荐值前 $nL(n>1)$ 的物品，再由 LWV 算法更新该 nL 物品列表中每个物品的推荐系数，对推荐列表进行重新排列来获取最终长度为 L 的推荐列表。

5.2.3 推荐系统总体结构设计

本书使用维基百科上下载的 2G 文本训练 word2vec，训练后模型能够输出两两任意单词间的相似度（见图 5-10）。

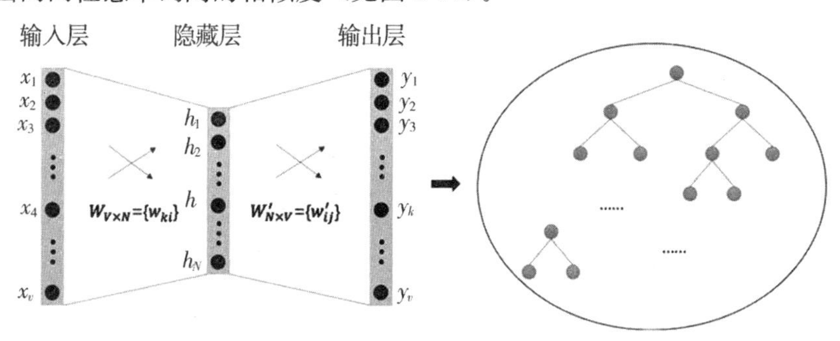

图 5-10 **词向量训练**

在原本的 word2vec 模型中直接将物品标签放入算出相似度，最后得到的效果并不是很好，原因有很多，例如物品的属性不能完全由标签来定义，也有可能是物品属性映射到向量空间中的精确度不高，归根结底是模型没有泛化推理的能力，对于新出现的物品属性不能进行有效处理，导致后续的模型对后验数据十分敏感[75]。

所以针对这个问题，需要在原始模型中新增一个嵌入层对训练数据的原始属性重新进行抽象化，也就是将属性信息映射到更高维的空间。因为训练用的语料库永远不可能涵盖世界上所有物品的属性，新的物品新的属性总会出现，对此专门设计一层网络是有必要的。

新的嵌入层网络结构如图 5-11 所示，目的是利用协同过滤的思想让训练出来的词向量能够更加适合于我们的推荐系统使用，惩罚了热门标签带来的影响，用更高维度的嵌入向量表示原始数据信息[76]。网络的意义是根据训练使用的语料库标记物品标签属性，根据用户购买过物品的标签划定一个属于该标签物品的范围。

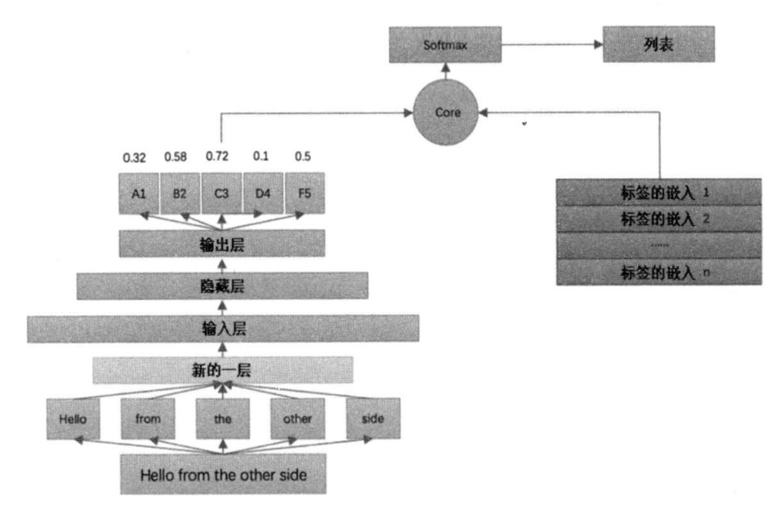

图 5-11　**嵌入层网络设计**

这样做的关键在于将物品的主要特征和次要特征区分开，相当于平均考虑了所有特征，但实际应用中并不需要这样做，比如像数码类产品被推荐时，标签主要受到年龄、爱好、性别等影响，而受到其他影响较小。如果平均考虑所有的影响因子会降低相似度准确性并最终降低推荐结果的准确性。

本书所提出的推荐系统主要包含四个模块：词向量生成模块、交互关系生成模块、权重更新模块和推荐模块。系统各个模块互相独立，便于测试开发。模块间低耦合符合模块化设计的标准，系统总体架构如图 5-12 所示。

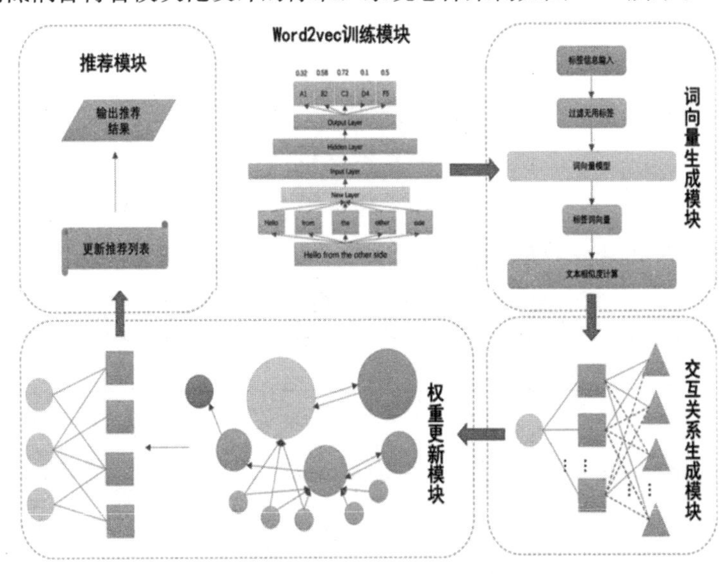

图 5-12　**系统整体架构图**

从图 5-12 的整体架构图可以看出，系统先输入语料库，语料库经过 word2vec 的训练后输出到词向量生成模块，之后在交互关系生成模块中导入用户物品的历史交互行为并以此生成三部图。三部图中用户物品边的权重由系统内嵌的基础推荐算法得出，物品标签节点间的权重则通过词向量生成模块来生成。这一步完成后将输出作为中间变量输入到权重更新模块以此来更新用户物品间的权重也就是算出每个物品和目标用户之间的重要度并排序[77]。最后一个模块是推荐模块，输入是权重更新模块生成的最终推荐列表，在该模块下用户可以自定义推荐列表的长度并给出最终的推荐结果。

5.3 试验分析

5.3.1 数据集

将 word2vec 模型引用到 LWV 的推荐算法中需要衡量词向量嵌入的质量，本书使用 word2vec 原论文的一个综合测试集，其中包含五种类型的语义问题和九种类型的句法问题。表 5-2 中显示了每个类别的两个示例。最后通过创建相似列表生成约 3 000 个问题以供测试。

试验评估所有问题类型的总体准确性。当输出词向量与真实单词完全一致时才增加问题的正确率，因此，同义词被视为错误。这也意味着达到 100%的准确性是不可能的。但是，本书认为通过提高词的结构化信息有助于挖掘单词间潜在的互联性。

表 5-2 测试集中的五种语义和九种句法问题的示例

Type of relationship	Word Pair 1		Word Pair 2	
Common capital city	Athens	Greece	Oslo	Norway
All capital cities	Astana	Kazakhstan	Harare	Zimbabwe
Currency	Angola	Kwanza	Iran	Rial
City-in-state	Chicago	Illinois	Stockton	California

续表

Type of relationship	Word Pair 1		Word Pair 2	
Man-Woman	brother	sister	grandson	granddaughter
Adjective adverb	apparent	apparently	rapid	rapidly
Opposite	possibly	impossible	ethical	unethical
Comparative	great	greater	tough	tougher
Superlative	easy	easiest	lucky	luckiest
Present Participle	think	thinking	read	reading
Nationality adjective	Switzerland	Swiss	Cambodia	Cambodian
Past tense	walking	walked	swimming	swam
Plural nouns	mouse	mice	dollar	dollars
Plural verbs	work	works	speak	speaks

为了评估 LWV 的有效性，本书使用了三个基准数据集：Movielens-100K、Movielens-1M 和 Last-FM。它们可公开访问，并且在域、大小，和稀疏性方面各不相同。

Movielens-100K&1M：一个广泛用于电影推荐的数据集，本书将其中部分不能用于 word2vec 计算相似性的标签及其所对应的用户交互数据删除。为了确保试验质量，本书将数据集进行十倍交叉划分，对每一次划分的数据集独立进行试验，最后取实验结果的平均值。

Last-FM：这是从 Last. fm 在线音乐系统收集的音乐收听数据集，其中，音轨被视为物品，特别地，本书同样删除了其中不能用于 word2vec 的部分数据。并将数据十倍交叉划分进行试验。

5.3.2 数据预处理

本书所使用的测试数据集分为两部分，一部分是为了训练 word2vec 模型以及测试模型输出词向量的精度，另一部分则是为了训练和测试 LWV 推荐模型。本节重点以 Movielens 为例讲述第二部分的相关处理方式。

1. 用户数据集

用户数据集中各项数据都是推荐系统需要用到的，无须对其进行处理。唯一需要做的是每一项数据应长度一致，较短数据用空格补齐，其中性别的“F”和“M”分别转换成 0 和 1。

2. 电影数据集

电影 ID 同样需要处理为统一长度，对于电影名和电影类别，处理方式是建一个二维矩阵，其中电影名和电影类别一一对应。

其中二维矩阵需要预留一部分空白，目的是便于后续的更新，比方说现在有 8 部电影，在创建矩阵的时候可以用 000111 的所有三位二进制组合与这 8 部电影做一一映射。此时如果需要添加新的电影那么原来的三位二进制就不合理了，必须改为四位二进制，所以不如在创建之初就用四位二进制来表示电影数据，这样面对增加的电影就不用修改所有的数据信息而只需要在原先的基础上合理地添加。

3. 评分数据集

评分数据集中我们删除了所有得分在 2 以下的数据，因为如此低的评分代表用户其实不喜欢这类型的电影，所以这部分数据代表的交互关系反而会对训练模型产生误导。这样做也会产生一个问题：如果一个表中所有电影的评分都在 2 分以下，我们的处理会将该表中所有包含该电影的数据删除。但是其他表中还有与该电影相关的数据，这在真实的训练中会因为这类无用数据浪费大量的时间，因此我们同样删除其他表中与该电影相关的行信息。

4. 标签数据集

标签数据集反映的是电影含有的标签，也就是电影的“属性”。因为最后要将标签映射到向量空间中计算相似性，所以标签的质量就至关重要了。本书采取的做法是将无法被 word2vec 识别的标签数据剔除，因为无法识别意味着该标签无法适用于 LWV 推荐系统，最后同样需要在其他数据集中删除这部分数据。

5.3.3 参数设置

本书使用维基百科上随机爬取的六千万篇英文文章作为训练词向量的语料库，并将词汇量限制为一百万个最常用的单词。在综合数据集上就不同词向量的维度做了准确性的比较，表 5-3 显示了实验结果。

可以看出随着词向量维度的增加，模型评估语义、句法关系的准确率也随之提升。考虑到维度的增加会提升训练模型的时间，并且维度在300到600的情况下准确率提升不高，本书最终选择300维度下的word2vec模型来计算标签的相似性。

表 5-3　**不同维度下词向量准确率比较**

准确率/维度	50	100	300	600
语义准确率/%	15.2	26.1	50.0	50.6
句法准确率/%	23.2	35.8	55.9	57.0

为了确定LWV对每个目标用户构造的三部图中物品节点的数量，本书定义了两个参数 K 和 M，其中 K 代表原推荐算法给训练集中每个用户推荐的正确物品之和，M 代表测试集中每个用户产生过交互的物品数量之和。

$$C=\frac{K}{M} \tag{5-35}$$

C 能够衡量推荐算法的性能，相同长度的推荐列表下 C 的值越高说明算法发掘用户真正喜欢物品的能力越好。本书在Movielens-100K、Movielens-1M和Last-FM上就不同的推荐列表长度（1～20L，$L=50$）进行了比较，如图5-13所示。

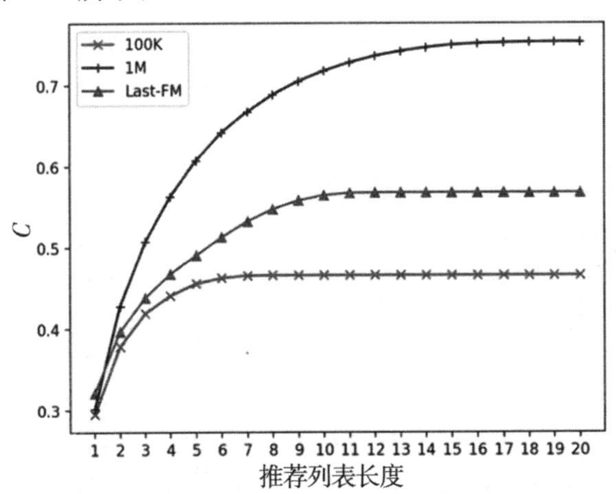

图 5-13　**三种数据集上** C **值对比**

如图5-13所示在三个不同数据集上对比了UCF、ICF和CosRA算法在不同 L 下 C 的平均值，其中红色、蓝色、绿色分别对应于Movielens-100K、Movielens-1M、Last-FM下的结果。

可以看出在三个数据集中，C 最终在 $8L$、$13L$、$19L$ 的情况下收敛，考虑到推荐列表长度对算法时间复杂度的影响，在 C 值收敛的情况下，能在尽可能短的列表中获得最多的正确的推荐物品。本书选择 $n = 8L$ 作为基础算法生成的推荐列表的长度（用作 LWV 三部图中目标用户的物品节点）。此时在 100K、1M、Last-FM 上发掘正确推荐物品的能力分别达到原算法最大值的 100%、91%和 96%。

5.3.4 实验结果与分析

在之前的试验中我们给出了基于 word2vec 模型得到的文本向量相似度结果，同时给出了基于传统推荐模型的相似度计算结果。

前面的章节也提到，真实的试验环境中会有很多因素影响最后的词向量准确度，所以这里我们考虑了几种可能影响结果的最大因子，也就是对文本相似度计算的影响。在本书中，最大的两个因子分别是训练所用的语料库以及最后我们设定的词向量维度。因此我们将重点放在这上面来。首先，对于训练所使用的语料库，我们主要使用维基百科上随机下载的 10G 数据包，里面包含了千万篇英文文章。其实数据的堆积不能算作最理想的语料库。最理想的语料库需要包含所有的自然科学以及社会科学等等的知识，应该涵盖人类所有已知体系的方方面面，并且内容越丰富越好。另外对于词向量的维度，这里主要讨论了维度在 50 到 600 下的情况。

在本实验中，我们将训练集中的文本数据划分为两部分，第一部分的文本相似度很高，而第二类则是关联性差的文本。在此之上我们测试两种可能出现的情况，第一种使用算法对相似度高的文本计算，如果得到的结果证明两个文本相似度高，说明结果越好。第二种是在第二类文本上计算。期望的结果当然是越低越好。这可以说明模型得到的结果可以降低关联性差的文本的误判率。

从最后的结果可以看出在计算相似度高的文本相似度的时候，无论向量维度是 100 或者 200，也无关使用哪一类的训练语料，最终结果都比原模型获得的相似度更加准确。而这种结果我们认为是对词向量的使用更加具有个性化造成的，当本书引入词向量后，当出现相同或相类似的两个词语后，通过计算词向量的相似度就可以知道两个词之间有这种相似关系。

在证明了 word2vec 模型生成的相似度真实有效情况下，本书通过可用随机游走算法来确定最终推荐列表。由于每个用户都拥有一个唯一的三部图，可用随机游走算法计算所有物品节点相对于用户节点的重要度，按照重要度的高低生成推荐列表，因此本质是一个图上节点的排名问题。模型要计算用户 u 的三部图中其余节点相对于用户 u 的重要度，则从用户 u 对应的节点开始执行图随机游走算法：每到一个节点都以 $1-d$ 的概率停止游走并从 u 重新开始，或者以 d 的概率继续游走，确定游走概率后从当前节点指向的节点中按照均匀分布随机选择一个节点赋予部分重要度。这样经过很多轮游走之后，每个节点被访问到的概率都会收敛并趋于一个稳定值。

本书将基于 LWV 的方法应用于三个公共数据集，并在三种数据集中分别用基于用户的协同过滤（UCF）、基于物品的协同过滤（ICF），和 CosRA 这三种基础算法来更新推荐列表（$L=50$），如表 5-4 所示。

表 5-4　LWV 性能分析

Movielens-100K	AUC	P	R	H	I	N
ICF	0.664 5	0.057 1	0.332 8	0.670 6	0.314 1	180
LWV-I	0.596 4	0.064 3	0.330 4	0.634 4	0.305 8	187
UCF	0.803 8	0.051 6	0.296 9	0.484 8	0.361 1	216
LWV-U	0.814 0	0.057 2	0.304 9	0.432 5	0.382 0	177
CosRA	0.670 8	0.058 8	0.330 8	0.664 2	0.239 9	166
LWV-C	0.680 4	0.062 9	0.339 9	0.688 0	0.214 8	139
Movielens-1M	AUC	P	R	H	I	N
ICF	0.725 3	0.088 1	0.363 8	0.722 6	0.363 8	1 320
LWV-I	0.845 9	0.085 3	0.373 9	0.542 6	0.355 6	1 895
UCF	0.864 5	0.064 6	0.260 2	0.416 3	0.442 7	1 632
LWV-U	0.767 7	0.065 8	0.301 9	0.370 0	0.436 3	1 486
CosRA	0.726 0	0.085 3	0.374 2	0.683 9	0.343 9	1 385
LWV-C	0.579 9	0.089 2	0.374 5	0.693 7	0.440 7	1 446

续表

Last-FM	AUC	P	R	H	I	N
ICF	0.693 7	0.031 6	0.343 1	0.904 4	0.109 6	96
LWV-I	0.712 8	0.046 8	0.342 1	0.846 5	0.254 6	132
UCF	0.897 7	0.029 3	0.315 0	0.616 7	0.171 1	194
LWV-U	0.904 6	0.031 5	0.326 4	0.543 2	0.201 9	186
CosRA	0.675 3	0.029 2	0.316 5	0.914 6	0.107 3	87
LWV-C	0.495 5	0.032 5	0.316 8	0.912 5	0.075 1	78

六个公共评价指标显示，被 LWV 更新过推荐列表的三种推荐算法在三种数据集上相对于原方法在准确性上具有显著优势。另一方面经由 LWV 更新过的算法其在多样性上表现不够良好，这也说明了物品之间的多样性确实可以通过文本上的相似性表示，LWV 通过将更多在文本上相似而不仅仅是用户行为上相似的物品推荐给用户从而提高了推荐算法的准确率。因此可以得出结论，基于 LWV 更新过的算法能够发掘传统推荐算法所无法推荐的物品，从而推荐给用户。

1. 查全率和准确率

在推荐系统的最终阶段会生成推荐列表，查全率代表所推荐的物品是否是训练集中被该用户购买过的其他物品。准确率则是所推荐的物品中有多少真正被用户购买过。

影响查全率和准确率的因素有两个，分别是推荐列表长度 N 和候选集大小 K，因此通过查全率和准确率可以设计试验确定 N 和 K 的最佳值。

首先针对候选集大小 K，用一系列试验验证其对查全率的影响（见表 5-5）。

表 5-5　不同 K 值对查全率的影响

K 值	基础算法	LWV	K 值	基础算法	LWV
5	0.119	0.224	30	0.211	0.544
10	0.121	0.348	40	0.218	0.642
15	0.124	0.451	50	0.237	0.733

K 值	基础算法	LWV	K 值	基础算法	LWV
20	0.234	0.477	70	0.282	0.762
25	0.243	0.561	100	0.301	0.801

从图 5-14 中可以看出随着 K 值的增加，两种推荐算法的查全率总体呈现上升趋势。不同的是基础的推荐算法上升趋势很慢而且在某个 K 值范围区间会下降。

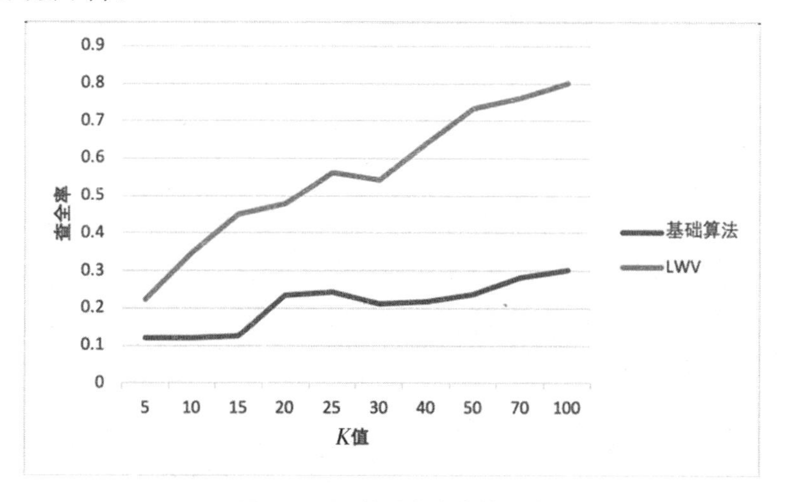

图 5-14　K 值对查全率的影响

由于基础算法是 LWV 的内核，LWV 生成的推荐列表正是在该算法的基础上融合了辅助信息的优势演化而来，而这种推荐方式类似知识图谱万物互联的思想，因此 LWV 得到的结果有很大概率正是用户曾经购买的物品。

随着 K 值的增加，查全率不断增大，但是这不意味着 K 越大模型效果越好，因为一个优秀的推荐算法不可能给目标用户推荐很多个用户可能偏好的物品，因为如果仅仅追求查全率效果的话，将推荐列表的长度设置为训练集的大小，那么查全率会是 100%。因此如果目的是推荐的话这无疑是失败的，而且推荐列表的增大意味着大量的时间消耗，这在一个实时响应推荐应用中无疑是致命的。

对于推荐列表的长度 N，则应该使用准确率这一标准来进行试验，因为查全率随着 N 的增大必然会增大，而准确率代表所推荐的物品集中有多少被用户购买过，随着 N 的增大这个值是不确定的。因此为了确定推荐列表的长度对准确率的影响进行了如下实验（见表 5-6）。

表 5-6　不同 N 值对准确率的影响

N 值	基础算法	LWV
5	0.297	0.775
10	0.201	0.593
15	0.191	0.579
20	0.196	0.611
25	0.192	0.551
30	0.194	0.544
40	0.185	0.553
50	0.191	0.548

从图 5-15 中可以看出，随着 N 的增加，准确率缓慢下降，可以理解为推荐算法的优劣是一个固定的值，随着 N 的增加准确率公式中的分母不断增大，结果必然减小。

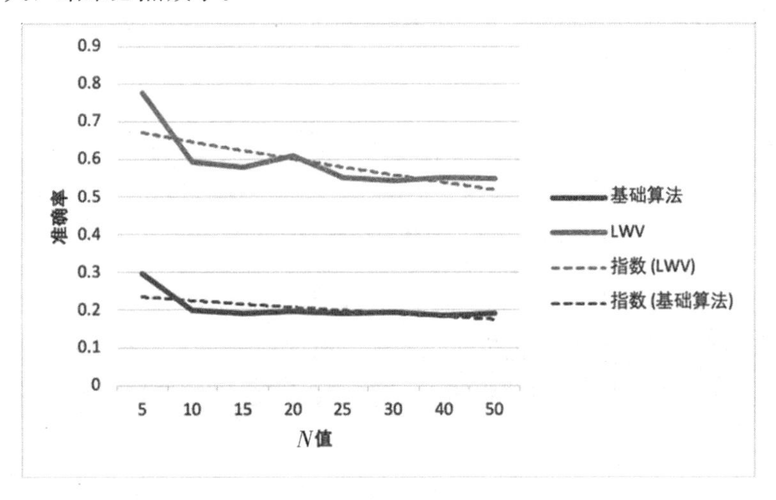

图 5-15　N 值对准确率的影响

2. 多样性和新颖性

多样性和新颖性用于评价推荐算法推荐冷门物品的程度。在下面的试验中分别对比了基础算法和 LWV 算法的这两个指标，其中推荐列表长度恒定为 50。

从图 5-16 中可以看出基础算法的多样性要强于 LWV 算法，但 LWV 算法的效果也不是很差，LWV 算法性能下降的原因是融入了大量的辅助信息使得推荐的结果更加准确，但提升准确率的同时使得模型更加精准地偏向了用户的兴趣爱好，而用户的兴趣爱好一般而言都不广泛，这也导致了多样性的降低。

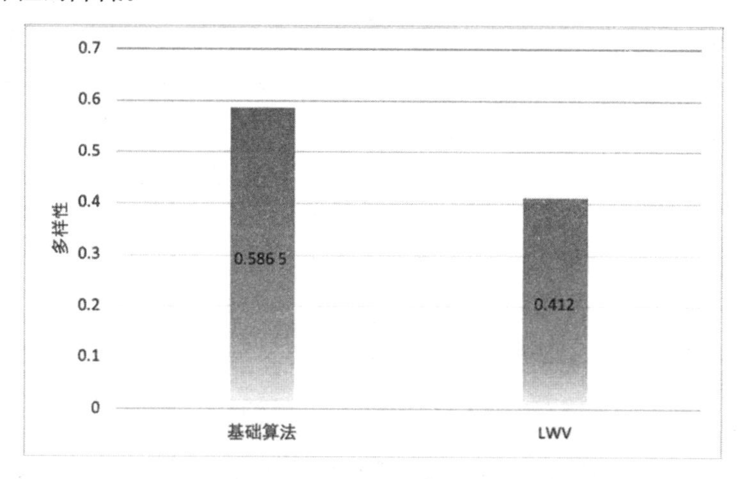

图 5-16　多样性对比试验

对于新颖性指标来说值越低越好，从图 5-17 中可以看出 LWV 算法的新颖性也会稍稍降低，原因同上。

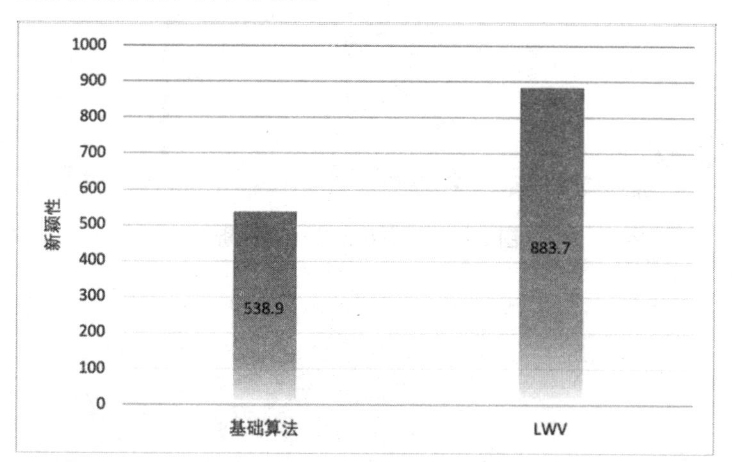

图 5-17　新颖性对比实验

本书对三个不同的数据集分别用 LWV 更新了三种基础算法，每种算法随机抽取了 100 个用户并由原推荐算法得到长度为 50 的推荐列表，LWV 更新过的推荐算法分别给每个用户推荐了含 50 个物品的推荐列表。图中红色部分代表原算法通过 LWV 更新了的那部分物品，并且该物品确实在测试集中与用户有交互；蓝色部分代表那些在测试集中与用户有过交互但被 LWV 错误地更新掉的那部分物品。

从图 5-18 中可以看出红色部分明显多于蓝色部分。这也说明，LWV 确实能通过标签在向量空间中相似性来提高推荐算法的准确性，更值得一提的是，从图 5-18 中可以观察到本算法推荐的物品对度并没有强烈的偏好，这在实际应用中是一个显著的优势。

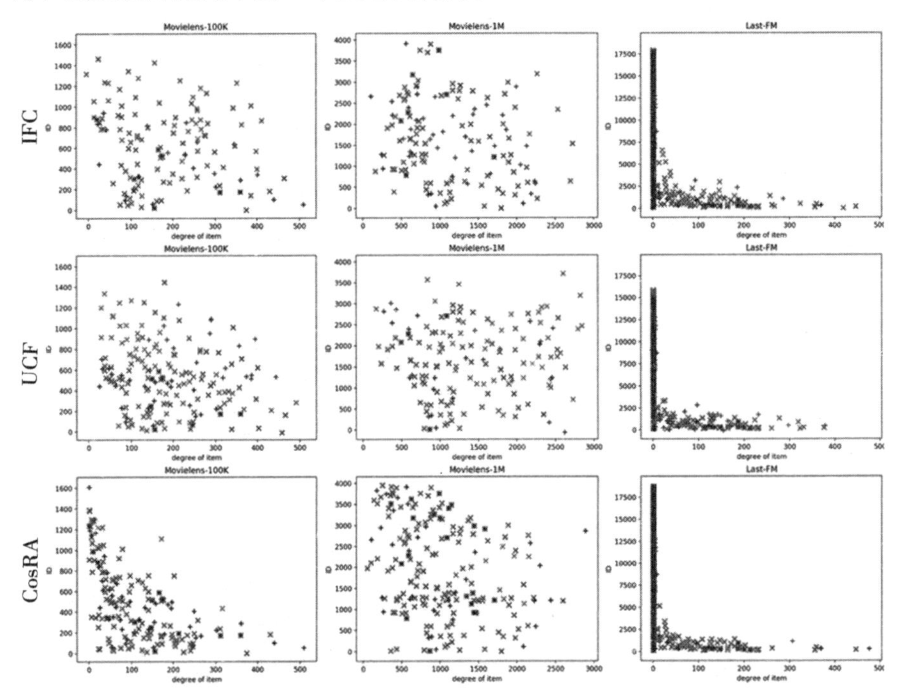

图 5-18　散点图对比试验分析

6 基于混合策略的个性化推荐算法研究

6.1 马尔可夫链及评价标准

6.1.1 马尔可夫性及过程

马尔可夫性是概率论与数理统计中的一个概念，即在一个随机过程中，我们若要预测未来的情况，则只与现在的状态有关，而与过去无关且是条件独立的，未来状态是在当前状态下的条件概率分布；综合来看就是满足这样的随机过程时，我们就说具有马尔可夫性，通常也叫作无后效性或者无记忆性。在大学教材中讨论的随机现象，通常我们可以确定变量的个数，即在有限的集合中进行讨论，并且我们通常知道这些随机变量的分布情况，这点就和实际的应用有些出入，面对实际情况，我们遇到的大多属于完全随机状态，不能得知其分布情况。在有限的随机变量集合中，一般无法全面地了解整个事物的发展规律。因为事物的发展过程是变化的，而不是固定的，这就要求必须使用无数个变量或者用数学表达式来描述变化过程。因此，对随机过程进行研究就能够很好地满足这一实际需要。而马尔可夫性正好是研究在随机过程中状态的变化过程，所以为马尔可夫链在实际中的应用提供了可能。若用数学表示该过程和性质，则如公式（6-1）所示。

$$P\{X(t+h)=y \mid X(s)=x(s), \ s\leqslant t\} \\ =P\{X(t+h)=y \mid X(t)=x(t)\}, \ \forall h>0 \tag{6-1}$$

其中，$X(t)$，$t>0$ 代表了一个随机过程，当这个随机过程满足公式（6-1）

时，便可称其为马尔可夫过程。通常，可以将马尔可夫过程分为三种情况，分类标准取决于其过程中的状态和时间情况。若其时间和状态都是离散的，则我们称之为离散时间的马尔可夫过程；若时间连续、状态连续或离散时，我们都将之称为连续时间的马尔可夫过程。这些情况的共同点是整个链路都按照时间轴向前演变，以现在预测未来，和过去相互独立。

在实际应用中，我们经常遇到的情况是时间和状态根本没有什么规律，属于离散的状态。以推荐系统为例，在给用户做推荐时，用户的历史数据其实就是一个离散的过程，并且在第二章中，我们也介绍了加入时间因素的推荐算法，按照时间轴的顺序划分数据，并且在时间轴上取一定时间范围的数据对算法性能进行测试，这符合实际应用过程。在这里，马尔可夫过程反映的也是这样的情况，每个状态是由前一个状态来进行预测，而得到的新状态也会成为前一状态，不停地朝着时间轴前面演变。因此，这个随机过程是满足推荐算法的应用条件的，符合推荐的实际使用性。了解了马尔可夫性及过程之后，我们可以给出马尔可夫链的完整定义，即一个随机过程满足马尔可夫性，并且这个随机过程存在于离散的状态空间和离散的指数集合中。

6.1.2 转移概率

利用马尔可夫链对未来状态做预测时，我们需要根据已有的数据信息计算出马尔可夫链的转移概率。从上一小节和公式（6-1）中我们可以得知，整个预测过程实际上是需要我们求出在 $t+1$ 时刻事物所处状态 j 的概率，但是这个计算过程必须依赖于上一时刻的状态，因此这就类似于随机变化的状态在 t 时刻所处状态 i 的条件下，在 $t+1$ 时刻转移到另一状态的概率，这也叫作一步条件转移概率。数学表示为公式（6-2）。通常转移概率 $P_{ij}(t)$ 不仅和前后时刻的状态有关联，而且与时刻也有关系。若 $P_{ij}(t)$ 不依赖时刻的变化，则称该马尔可夫链具有平稳转移概率；并且在整个状态空间中，称该马尔可夫链是齐次的，所以我们可以直接用 P_{ij} 来表示，可以直接省去时间参数。

$$P_{ij}(t)=P\{X_{t+1}=j \mid X_t=i\} \tag{6-2}$$

现在我们假设有一序列是需要讨论的马尔可夫链的指标值，设为 $\{x_1, x_2, \cdots, x_m\}$，这个序列包含了 n 个状态，这 n 个状态组成了状态空间，表示为$V=\{1, 2, \cdots, n\}$，用sum_{ij}来代表序列中状态i通过一次转移为状态j的次数，通常我们选择一个步长的时间进行转移，当然这可根据实际情况确定步长的大小。这时我们可以表示转移概率的值如公式（6-3）所示。在实际应用中，计算两个状态的转移概率是为了得到概率转移矩阵。

$$P_{ij}=\frac{\mathrm{sum}_{ij}}{\sum_{j=1}^{n}\mathrm{sum}_{ij}} \tag{6-3}$$

该矩阵通常也叫作一步概率转移矩阵，根据公式（6-3），表示为公式（6-4）的形式，可以得到一次状态转移概率矩阵具有如下两个性质：一是：$p_{ij}\geqslant 0,\ i, j\in V$；二是：$\sum_{j\in V}p_{ij}=1, i\in V$。

$$\boldsymbol{P}=\begin{pmatrix} p_{11} & p_{12} & \cdots & p_{1j} \\ p_{21} & p_{22} & \cdots & p_{2j} \\ \vdots & \vdots & \vdots & \vdots \\ p_{i1} & p_{i2} & \cdots & p_{ij} \\ \vdots & \vdots & \vdots & \vdots \end{pmatrix} \tag{6-4}$$

通常一次转移无法满足实际研究需要，所以会进行n次转移，n次转移矩阵定义为：$P_{ij}(n)$从状态i经过n次后变为状态j的概率：$P_{ij}(n)=P(1)^n$，其中$P(1)$表示的是一次概率转移矩阵。根据Chapman-Kolmogorov方程，如公式（6-5）所示。

$$P_{ij}^{(m+n)}=\sum_{k}p_{ik}^{(m)}\ p_{kj}^{(n)} \tag{6-5}$$

由此可知，我们能够很方便地得到n次转移的概率。如果我们令$m=1, n=n-1$，就可以得到如定义中的形式。总而言之，对于齐次的马尔可夫链来说，如果我们能得到一次概率转移矩阵，那么我们就能得到n次的概率转移矩阵；同时我们可以得出这样的结论，马尔可夫链的概率分布情况由一次概率转移和初始状态的分布情况来决定。

6.1.3 算法性能测试方法

在理论研究过程中，当我们提出一个解决问题的方法时，都需要有一定的测试标准来判断所提方法的有效性。在推荐算法的研究中也有相同的过程，为了评价推荐算法在实际应用中的表现究竟如何，我们通常会采用交叉验证的评价方式来评估算法是否能够推广到独立的数据集中[78]。交叉验证实际上就是将数据样本划分为两个互补的子集合，即通常所说的训练集和测试集。把整个训练集的数据用于我们提出的算法中，得到最后的推荐结果，再用测试集的数据对结果进行对比验证。按照推荐算法研究的惯例，通常都会采用十倍交叉验证的方式对每一次独立的实验进行评价，即将数据划分十次，算法运行十次；并且最终把十次的测试结果进行平均，以此来确定算法的性能。以二部网络为例，就一次划分而言，就是将网络中的边随机地划分为训练集和测试集，再将该过程重复十次；另外，依照惯例我们通常把整个数据集合按照 1：9 的比例来确定两互补子集的大小问题。我们也可以一次将整个数据集合划分为等分的 10 个子集合，以此用其中一个集合作为测试集，剩下的 9 个数据集合作为训练集。总之，无论采用哪种方式，数据的划分体现的是一种随机的过程，然后作用于算法，测试算法性能。

但是，我们在第二章中介绍了加入时间因素的推荐算法，并且详细介绍了加入时间因素后，数据的划分是依据时间轴来进行的，而不是完全按照数据集进行随机划分；同时我们还比较了两种划分方法的区别，在这里就不再赘述。这两种划分方法其实也会直接影响到接下来将要介绍的测试标准。在以往的研究中，已经做了很广泛的关于评价推荐算法性能的研究[1,79]。在这里，我们就列举一些常用的评价推荐算法性能的标准，关于准确性标准我们介绍 AUC、MAP、Precision 和 Recall 标准，关于多样性标准我们介绍汉明距离（Hamming distance）和 Intra-similarity[80] 以及新颖性（Novelty）等三个标准。

6.1.4 测试标准概述及认识

AUC 是用于评价推荐算法性能的重要标准之一。我们首先介绍它，其实它就是指 ROC 曲线下的面积[81]，另外，吕琳媛等[82]也曾对其进行了非常详细的介绍。AUC 值能被解释为随机选择用户收集物品的概率比随机选择用户未收集物品的概率要高。在计算 AUC 时，每次随机从测试集中选取一条边与随机选择的不存在的边进行比较：如果测试集中的边的权重大于不存在的边的权重，那么就加 1 分，如果两个分数值相等就加 0.5 分。这样独立比较 N 次，如果有 N' 次测试集中边的值大于不存在边的值，有 N'' 次两个分数值相等，那么 AUC 的定义如公式（6-6）的形式所示。AUC 的值越大，则说明算法的准确性就越高。

$$AUC = \frac{1}{m}\sum_{i=1}^{m}\frac{(N' + 0.5\,N'')}{N} \tag{6-6}$$

在实际的应用中，或者从公式（6-6）中我们可以很直接地看出一个问题，那就是计算过程中产生的都是浮点数，分数值相等的情况几乎没有，那么在实验中可以从两个方面去处理：一是在计算过程中就设定浮点数的有效位，通过阅读相关文献，我们发现，他们的算法测试结果通常都是保留小数点后三位，因此我们在实验过程中也可以把浮点数的有效位数设置为 5，最后再取小数点后三位；二是可以在计算过程中进行判断，若两个数的差值在一个有效的范围内，那么此时我们也可以认为是相等的。在本书的研究中，选用的是第一种处理方式。

下面介绍三个依赖于推荐长度 L 的准确性指标，分别叫作 MAP (Mean Average Precision)[83]、Precision、Recall[84]。MAP 是信息检索领域中总体排名精度的标准等级度量指标，这与平均排名得分类似[1,79]。对于用户 i 的平均准确性被定义为公式（6-7）的形式。这里的 $D(i)$ 表示测试集中物品的数量，$d_i(L)$ 表示长度为 L 的推荐列表和测试集中公共物品的个数，r_s 表示第 s 个物品在推荐列表中的排名，并且 $r_s \in [1, L]$。然后，MAP 指标能够通过平均所有用户的 $\bar{P}_i(L)$ 得到，定义为公式（6-8）的形式。这里的 m 表示用户的数量。较大的 MAP 指数对应于更好的总体排名的准确性。

$$\bar{P}_i(L) = \frac{1}{D(i)}\sum_{s=1}^{d_i(L)}\frac{s}{r_s} \tag{6-7}$$

$$MAP = \frac{1}{m}\sum_{i=1}^{m}\bar{P}_i(L) \tag{6-8}$$

通过公式（6-7）和公式（6-8），我们可以看出，在计算 MAP 标准值时需要我们知道测试集中数据的排名情况。这就会存在一个问题，在传统的基准推荐算法中，我们是完全随机地划分数据集，没有考虑时间的因素，那么我们能直观地看出问题所在，即测试集中的数据的顺序是可变的。这就不排除可能存在人为的修改其顺序。这时，算出的标准可能就缺少了可信性。但是我们在前面提到了在数据划分时加入时间的概念，同时将时间因素加入算法计算过程中，我认为本书认为这时的 MAP 才是具有可说服力的测试标准。数据在时间轴上以此排列，出现时间决定了数据在测试集中的排列顺序，同时数据的顺序也会影响其在时间 τ 间隔中物品度的变化，从而影响最后的推荐得分。在前面介绍的加入时间因素的算法中，表明在传统的基准推荐算法使用的无时间因素测试标准时，在一定程度上过高地评价了算法的性能。因此，在考虑了时间因素后，本书认为 MAP 值才能更好地对推荐算法进行合理的测试。

Precision 被定义为出现在推荐列表和测试集中公共物品的个数与推荐列表长度的比值。这时我们可以把 AUC 联系起来，我们把两个算法进行比较，如果两个算法的 AUC 值相差不大，那么我们可以看两个算法的准确性值，谁的准确性值越大谁就越好，这是因为准确性高的算法在指定列表长度 L 的前面就找到了更好的预测。对于所有用户，平均准确性被定义为公式（6-9）的形式。关于准确性的介绍相对来说较为简单，因为其定义不复杂，在对推荐算法进行测试时也没有存在争议的地方。总之，该值与推荐列表的长度相关，能够比较两算法之间的优劣，其值越大代表着算法性能越好。

$$P(L)=\frac{1}{m}\sum_{i=1}^{m}\frac{d_i(L)}{L} \tag{6-9}$$

另外一个准确性标准是召回率（Recall），将其定义为公式（6-10）的形式。这也是反映算法准确性的一个标准，其值越大代表着算法性能越好。

$$R(L)=\frac{1}{m}\sum_{i=1}^{m}\frac{d_i(L)}{D(i)} \tag{6-10}$$

以上关于准确性的标准中，关于 MAP 其计算方式在传统的推荐算法中存在一些不合理之处，但是当加入时间因素后，测试集中的数据是按照时间轴的顺序排列的，这能有效避免可能由于人为原因或者随机划分时产生的误差给推荐算法性能测试带来的不合理影响。

接下来介绍两种关于评价推荐算法多样性的标准。在个性化推荐算法中，多样性是用来评价算法推荐的物品种类是否多样的重要指标。因为我们很难通过数据去获得物品的相似信息，也没有确定的参考标准，所以多样性的度量通常是依赖于评价矩阵实现的。间相似是普遍被使用的多样性标准之一，一般用汉明距离（Hamming distance）[85]对多样性进行量化。在实际计算中，我们通常取所有用户的平均汉明距离值，其被定主为如公

式所示（6-11）的形式。这里的 $C(i, j) = |o_i^L \cap o_j^L|$ 表示的是用户 i 和用户 j 各自的推荐列表中相同物品的数量。

汉明距离值越大说明多样性越高。

$$H(L) = \frac{1}{m(m-1)} \sum_{i=1}^{m} \sum_{j=1}^{m} \left(1 - \frac{C(i, j)}{L}\right) \tag{6-11}$$

Intra-similarity 是通过目标用户的推荐列表中物品之间的余弦相似度来衡量的，其被广泛地应用在一些算法[11,86]中。其被定义为公式（6-12）的形式。其中 $S_{\alpha\beta}^{\text{Cos}}$ 是用户 i 的长度为 L 的推荐列表 o_i^L 中实体 α 和实体 β 的余弦相似量。Intra-similarity 值越小意味着有更高的推荐多样性。

$$I(L) = \frac{1}{m(m-1)} \sum_{i=1}^{m} \sum_{o_\alpha, o_\beta o_i^L, \alpha \neq \beta} S_{\alpha\beta}^{\text{Cos}} \tag{6-12}$$

新颖性（Novelty）是一个重要的评价推荐算法性能的标准，它是用来衡量一个推荐算法产生不流行的或者不受欢迎的甚至是意想不到的结果的能力。其被定义为公式（6-13）的形式。其中 k_α 代表着用户 i 的推荐列表 o_i^L 中物品 α 的度。其值越小，代表着其具有越高的新颖性，会给用户带去全新的用户体验，提供令用户感到新奇的推荐服务。

$$N(L) = \frac{1}{mL} \sum_{i=1}^{m} \sum_{o_\alpha o_i^L} k_\alpha \tag{6-13}$$

关于新颖性的定义我们可以看出，新颖性越高越有利于解决推荐物品的“冷启动”问题，在实际应用中，就类似于一件新物品需要推广而被消费者所认识，进而产生一些经济效益。因此，从这方面而言，一个好的推荐算法不仅仅是着眼于推荐的精度，还需要兼顾推荐的新颖性。

近年来，我们听到了一个新的词语，叫作“信息茧房”。其含义是随着大数据时代的来临，我们的兴趣局限在了一定的范围，就像被困在了“茧房”一样大小的环境中，使我们对外部世界的认知和我们的兴趣方向受限。这不符合社会的多样化需求。因此，在以上讨论的衡量推荐算法性能的标准中，需要我们引起重视的是推荐的多样性，现在有大量的研究是集中力量提高推荐的准确性，确实也取得了相当可观的成绩，但是关于推荐多样性的研究相对而言要少很多。在日常生活中，我们常常会因为推荐的准确性太高而产生一些烦恼，比如看新闻时，总是出现同类型的新闻，这样单一的方向，不利于扩展我们的业余兴趣。

6.1.5 关于K-means算法的简要介绍

K 均值聚类算法自从被提出以来就执行了很多的聚类任务，该算法的核心思想是找到 k 个聚类中心，使得被聚类的数据与其最近的聚类中心的距离最小，这个距离也被叫作偏差。算法的基本步骤如下：

（1）首先进行聚类中心初始化工作，随机指定 K 个聚类中心（c_1，c_2，…，c_k）；

（2）将被聚类的数据向聚类中心分配，通过遍历所有数据，将每个数据划分到距离其最近的聚类中心中；

（3）对聚类中心进行更新，计算每个聚类的平均值，更新聚类中心；

（4）重复步骤（2）和（3），直到聚类中心不再变化，即聚类中心稳定时结束迭代。

算法的原理很简单，其中距离的计算可以采用多种计算方式，通常最简单的方式就是选择欧氏距离。该算法的优点主要有以下几个方面：①原理相对较为简单，易于实现且算法的收敛速度较快；②聚类的效果较好，可解释性也较强；③整个算法需要调试的参数就是聚类中心的个数。其缺点也是明显的：①K 值通常在初始情况下是随机选择的，这没有一定的合理依据作为支撑；②采用迭代的方式确定聚类中心，只能得到局部最优。

之所以介绍 K-means 算法，是因为在本书的研究中使用了 K-means 对数据进行简单聚类，这也不是本书的重点，所以在此不再赘述。

6.2 基于混合策略的个性化推荐算法

6.2.1 混合策略

混合策略定义：在传统的推荐算法研究中加入“第三因素”（根据实际情况可变的因素），共产生三个描述两两因素关系的二部图，通过一些方法（多策略）分别研究每一对关系并对关系进行量化，最后利用三角形求面积的相关方法将关系进行整合，把面积值作为其物品的推荐值，最后为用户做出个性化的推荐。

在传统的基准推荐算法中，我们能看到，当提出了一个新的研究方法时，我们通常是作用于一个二部图，在这个二部图中仅包含了用户和物品之间的关系（即是否存在链接）。本书对推荐算法的研究手段和以往的基准方法有相同之处，即都是在图计算相关知识基础之上进行的；然而也存在关键性的不同，以前利用图计算的方法研究推荐算法，通常参考因素只有两个（用户和物品），整个研究方法针对的也只是这一对（我们可以取组合数 $C_2^2=1$）关系；当然有些可能还加入了时间的因素，但即使加入了时间因素，其作用也仅是为了合理地对数据进行划分，在第二章中已经详细介绍了时间因素。在下一节中，将描述本书所提出的混合策略如何体现在本书所提出的推荐模型中。

在本书的研究中，改变了原来的研究思路，在原有的两个参考因素中，加入了“第三因素”，研究三个因素两两之间的关系，即有三个（$C_3^2=3$）二部图，对这三个二部图分别采用一定的方法进行研究，具体方法将在下面详细描述，并分别对研究结果进行量化，最后将量化的结果作为三角形的三个边长，利用三角形求面积的相关知识将得到的三个量化值进行整合；同时本书将在接下来详细描述无法构成三角形时的处理。另外，我们加入“第三因素”的原因在于电子商务目前出现了新的发展，以中国的两大公司（阿里巴巴、京东）为例，它们现在大力开发线下实体在线上运营，这种模式下传统的二维推荐（用户与商品模式）就不能完整描述这种推荐模式，需要加入新的因素来描述增加购买关系中的店铺（或位置）等信息。因此本书在研究过程中，加入了“第三因素”，且这个因素可以根据实际的应用场景进行改变。这也就带了多种策略的研究方式。

6.2.2 构建推荐模型

一个无权无向用户-实体二部网 $G(U, O, E)$ 被用于推荐系统的研究中，它的功能是描述用户和商品之间的关系，其中 $U=\{u_1, u_2, \cdots, u_n\}$，$O=\{o_1, o_2, \cdots, o_m\}$ 以及 $E=\{e_1, e_2, \cdots, e_z\}$ 分别表示用户集、实体集和边集。为了区分用户与实体的索引，我们分别使用拉丁和希腊字母去表示它们。与此同时，二部网 $G(U, O, E)$ 也能被一个邻接矩阵 $\mathbf{A}$ 表示，并且定义 $a_{i\alpha}$ 为邻接矩阵 $\mathbf{A}$ 中的元素，若 o_α 被用户 u_i 收集，那么

$a_{i\alpha}=1$；否则 $a_{i\alpha}=0$。任何推荐算法的最终目的是给目标用户提供未收集实体的排名列表。对于用户 i ，我们定义长度为 L 的推荐列表为 o_i^L 。亦即，对于用户 i ，o_i^L 是未被用户收集的推荐分更高的前 L 个实体集合。

1. 构建三因素模型

在第三章中，本书介绍了一些衡量推荐算法性能的标准，综合来看可以将其分为两个方面，即推荐准确性和推荐多样性。它们共同承担着衡量推荐算法性能的任务。为了实现更多样的推荐，在这里我们加入“第三因素”，进而研究三个因素两两之间的关系，并用权重来衡量关系的强弱，最后把三个权重抽象成三角形的三条边，每个三角形包含一个实体，然后根据三角形面积的大小来确定最后的推荐结果。如下图 6-1 所示。其中三个因素分别是：用户、物品以及 T_1（在本书中，我们选择物品的品类信息作为“第三因素”）。

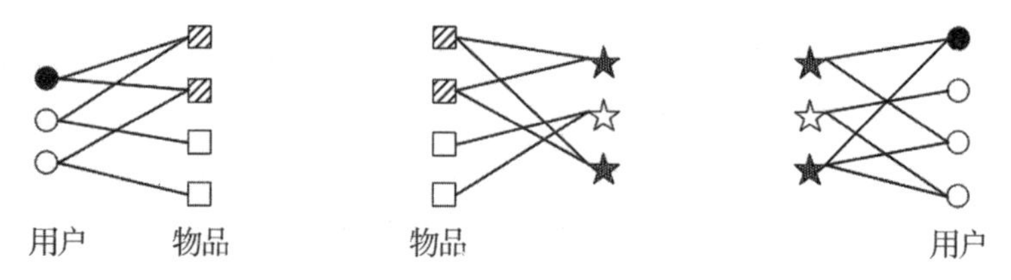

图 6-1　展示的是本书推荐算法研究中的三个因素两两之间的关系

在本书中，我们不直接从相似性的角度去研究两两关系。在“用户-物品”二部图中，我们采用 K-means 聚类结合马尔可夫链的方法来求得关系权重，把用户的历史行为作为此刻的研究基础，对用户未来的行为进行预测，得到的预测值作为“用户-物品”中的关系权重，我们表示为 w_{uo}； 在另外两个关系中，均采用协同过滤的方法求其关系权重，分别表示为：w_{oT_1} 、w_{uT_1} 。我们可以通过图 6-2 进一步认识三因素模型。当 u 和 t 确定时，它们能和多个物品（图中 o_1、o_2）构建三维空间结构。推荐列表 L 是由多个物品组成，那么 u、t 和 o 可以共同形成三维结构，如图 6-2 中 $V(u, t, \{o_1, o_2\})$；同理，针对目标 u 可以对应多个 t、t 可以对应多个 o、o 可以对应多个 t 等等情况均能如图 6-2 中所示，构建三维空间结构 $V(u, \{t_1, t_2, \cdots\}, \{o_1, o_2, \cdots\})$ 。进而，最终的推荐列表对应图 6-2 中的空间结构。

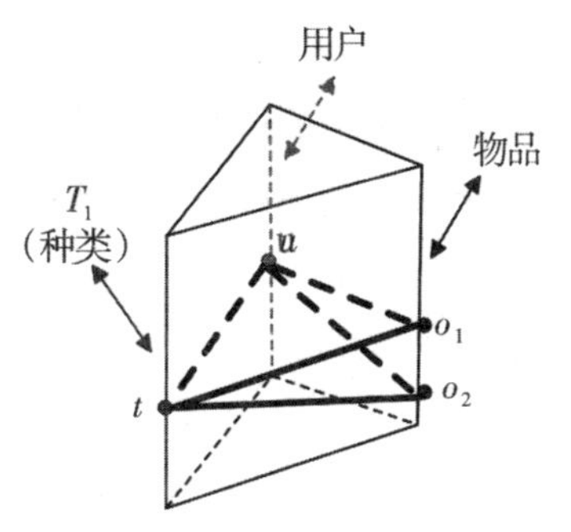

图 6-2　三因素空间构型

注：本书把三个因素两两之间的关系作为构成三角形的三个边长，进而构成三角形。

2. 模型的具体实现

在上一节我们提到了通过 K-means 结合马尔可夫链以及协同过滤算法来研究图 6-1 中的三个二部图中的关系，并对其关系进行量化。因此，在本小节我们重点讨论如何具体去实现本书所构建的模型。关于权重 w_{uo}，我们采用的是 K-means 结合马尔可夫链的方法进行计算，在另外两个关系中，均采用协同过滤的方法求其关系权重，分别表示为：w_{oT1}、w_{uT1}。

步骤 1：先利用 K-means 针对 U_1 进行用户聚类。以一个用户 U_1 为例：因为聚类过程必须考虑 U_1 与 U_j（$j=2, 3, \cdots, n$）之间的同一性（为了保证推荐的准确性），同时必须考虑 U_1 与 U_j（$j=2, 3, \cdots, n$）之间的差异性（为了保证推荐的多样性），所以本书采用了 K-means 二维聚类方法，把 U_1 与 U_j（$j=2, 3, \cdots, n$）之间的共同物品数（CountSame_{1j}）作为第一维度，$D_{uj}-\text{CountSame}_{1j}$ 作为第二维度。因此，U_1 聚类时的其他用户数据的数据结构则应该处理为如公式（6-14）所示的形式，其中 D_{uj} 表示 U_j 的度，$j=2, 3, \cdots, n$。此时，我们可以表示出对于用户 U_1 来说，在聚类时的数据输入应该如公式（6-15）所示。我们在前面介绍 K-means 聚类算法时提到，该算法必须确定聚类中心的个数，那么我们这里按照如公式（6-16）所示的形式进行确定。按照二维向量的欧氏距离进行聚类，形成关于用户的簇。

$$\{U_j(\text{CountSame}_{1j},\ D_{uj}-\text{CountSame}_{ij})\} \tag{6-14}$$

$$U_1\left(\frac{1}{n-1}\sum \text{CountSame}_{1j},\ D_{u1}-\frac{1}{n-1}\sum \text{CountSame}_{1j}\right) \tag{6-15}$$

$$K=\left|\ \{D_{uj}-\text{CountSame}_{1j}\}\right.$$

$$\left.\bigcup\left\{D_{u1}-\frac{1}{n-1}\sum_{i=2}^{n}\text{CountSame}_{1i}\right\}\ \right|\ (j=2, 3, \cdots, n) \tag{6-16}$$

步骤 2：找出 U_1 所在的簇，表示为 C ，统计 C 内所有用户的行为记录中包含不同物品的个数 $N_c = |\text{Action}C|$ ，其中 Action$C$ 表示 C 中所有用户与商品发生的购买行为记录，把 Action$C$ 中每个用户的记录按照时间戳升序排列为一个序列，由于物品 ID 具有唯一性，所以把物品 ID 作为物品的状态并构造状态转移矩阵 $\text{TMatrix}_{N_c \times N_c} = 0$。这里需要特别声明一点，本书中凡是需要用到数据的地方，其数据都遵守按照时间轴向前的顺序，但是并没有对这一因素的加入做如文献[51]所做的那么详细的研究，关于加入时间因素的具体研究可参考第二章的相关介绍。

步骤 3：对 TMatrix_{ij} 进行初始化赋值，TMatrix_{ij} 等于 (i, j) 在 Action$C$ 中出现的总次数除以 i 在 Action$C$ 中出现的总次数，我们将其表示为公式（6-17）的形式。

$$\text{TMatrix}_{ij} = \frac{\text{Count}(\text{Action}C(i, j))}{\text{Count}(\text{Action}C(i))} \tag{6-17}$$

步骤 4：把 U_1 的行为数据按照 TMatrix 的顺序得到 U_1 对物品的初始行为向量 $\boldsymbol{f}^{u1}$ ，其中 f_j^{u1} 等于目标用户 U_1 对物品 j 的评分，因此 $\boldsymbol{W}_{u1o}$ 的计算方式如公式（6-18）所示。为了减少运算的迭代次数，本书通过实验与协同过滤进行比较后设定状态。

$$\boldsymbol{W}_{u1o} = \boldsymbol{f}^{u1} \times \text{TMatrix}^{\text{trans}} \tag{6-18}$$

转移次数 trans＝3，因此最终的权值计算如公式（6-19）所示。

$$\boldsymbol{W}_{u1o} = \boldsymbol{f}^{u1} \times \text{TMatrix}^{3} \tag{6-19}$$

步骤 5：在计算 w_{oT1} 时，这里本书以一个物品为例，首先统计对该物品有评分的用户个数，表示为 n' ，接着把这些用户对该物品的评分求和，并得到用户对该物品的平均评分，然后用平均评分除以所有物品的品类数，得到该物品和每个品类之间的权重 w_{0tj} ，表示为公式（6-20）的形式。这里，r_{io} 表示用户对物品 o 的评分。

$$w_{0tj} = \frac{1}{c} \times \left(\frac{1}{n'} \sum_{i=1}^{n} r_{io}\right) \tag{6-20}$$

其中，n 表示用户数，c 表示品类数，j 表示该物品的品类。最后把所有物品对品类的权重数据｛物品 ID，品类 ID，w_{0tj} ｝用于协同过滤算法，得到 w_{oT1} ，表示为如公式（6-21）的形式。

$$w_{oT1} = \text{CF}(\text{ObjectID}, \text{CategoryID}, w_{0tj}) \tag{6-21}$$

步骤 6：在计算 w_{uT1} 时，这里我们以一个用户为例，把用户对每个物品的评分除以每个物品的品类数 c ，得到用户和品类之间的权重 w_{utj} ，j 表示该物品的品类，若品类出现次数为 $n''>1$ 时，则对该权重求平均，表示为公式（6-22）的形式。

$$w_{utj}=\begin{cases} w_{utj}=\dfrac{1}{c}\times r_{io}, & n''=1 \\ w_{utj}=\dfrac{1}{n''}\sum\limits_{j=1}^{n''} w_{utj}, & n''>1 \end{cases} \tag{6-22}$$

与步骤 5 相似，我们同样采用协同过滤算法来计算最后的关系权重值。表示为公式（6-23）的形式。

$$w_{uT_1}=\mathrm{CF}(\mathrm{UserID},\ \mathrm{CategoryID},\ w_{utj}) \tag{6-23}$$

在得到了三个关系权重值之后，我们可以假设这三个值为一个三角形的三个边长，我们在前面已经提到，本书建立的模型在最后会以三角形的面积作为物品的最后推荐得分，现在我们得到这个三角形的三个边长，那么很自然地能想到利用海伦公式求得面积，因此就到了步骤 7。

步骤 7：通过海伦公式用前面的三个权重值求取三角形的面积。其表示如公式（6-24）。其中，p 表示半周长，如公式（6-25）所示。

$$R(U,O,T_1)=\sqrt{p(p-w_{uT_1})(p-w_{oT_1})(p-w_{uo})} \tag{6-24}$$

$$p=\frac{w_{uT_1}+w_{oT_1}+w_{uo}}{2} \tag{6-25}$$

到这里，模型的大致操作就清晰地描述出来了。然而，此时会产生一个疑问，那就是，虽然得到了三个权重，并且把它们作为三角形的三个边长进行面积计算，但也会存在三个权重值并不能满足构成三角形的条件（即两边之和大于第三边，两边之和小于第三边）的问题。在本书的研究中，当权重 w_{uo} 、w_{oT_1} 、w_{uT_1} 无法满足构成三角形的条件时，本书的处理方法是：保持两个权重值不变，改变另一个权重值。在实际应用中，加入的“第三因素”是可变因素，比如可以用商家代替。因此，在本书中改变的是权重 w_{uT_1} 。此时，可能又会产生另一个疑问，那就是既然“第三因素”为可变因素，那么改变任意一个参数或者同时改变三个参数都可以，关于这个疑问本书在后面的讨论中会利用数学的知识进行详细讨论。另外，为了使得该权重值能与其他两个值构成三角形，需要对该权重值进行增大或者缩小处理。由于增大或缩小权重 w_{uT_1} 都会对面积产生影响，所以需要对三角形面积进行校正。在下面的讨论中本书将重点讨论如何校正面积并且从数学的角度分析改变权重 w_{uT_1} 的合理性。

6.2.3 改变权重与面积校正

1. 改变权重

本书的思路是改变权重 w_{uT_1} ，并且让另外两个权重保持不变，在本书中改变权重的方式如公式（6-26）所示。其中 x 代表了权重增加的倍数，并且可以明确的是，无论将权重放大还是变小，不让其变化的幅度太大，这是为了保证在小范围内的调节使之达到构成三角形的条件，以保证不会对结果造成颠覆性的影响。因此，这里的 x 并非本书直接可以给出的确定的值，针对不同的三个权重值，应该有不同的 x 进行匹配，在实验中很容易实现这点。本书通过增加或减少千分之一个步长的方式来确定改变后的权重。

$$w'_{uT_1}=x\,w_{uT_1} \tag{6-26}$$

2. 面积校正

当 w_{uo} 、w_{oT_1} 、w_{uT_1} 这三个权重值满足构成三角形的条件时，可以直接通过海伦公式求得面积，不需要进行面积校正；当不满足三角形构成条件时，我们必须改变权重 w_{uT_1} 的值，这样算出的面积并不能很好地代表三个因素之间的关系，所以本书需要对面积进行校正。需要校正的情况分为两种：一是把权重 w_{uT_1} 放大之后需要校正；二是把权重 w_{uT_1} 缩小之后需要校正。下面就这两种情况进行讨论。

（1）权重 w_{uT_1} 放大之后的校正过程。

当增大 w_{uT_1} 时，需要对面积进行一定程度的缩小处理。现本书假设按照公式（6-26）改变后的权重为 w'_{uT_1} ，这时可以代入海伦公式得到一个面积值，如公式（6-27）所示。

$$R'(U,O,T_1)=\sqrt{p'(p'-w'_{uT_1})(p'-w_{oT_1})(p'-w_{uo})} \tag{6-27}$$

$$p'=\frac{w'_{uT_1}+w_{oT_1}+w_{uo}}{2} \tag{6-28}$$

其中 p' 表示为公式（6-28）的形式。在这里本书要做出重要假设：假设原始的三个权重值能满足构成三角形的条件，那么在计算三角形面积时，需要对公式（6-24）进行一些变动，在其根号内的每个乘积因子取绝对值，则可以得到一个面积值 R_l ，如公式（6-29）所示。这时，本书就可以确定最终的三角面积的大小。

$$R_l = \sqrt{p \mid p - w_{uT_1} \mid \times \mid p - w_{oT_1} \mid \times \mid p - w_{uo} \mid} \tag{6-29}$$

这就是本书的校正过程，如公式（6-30）所示。其中，P_1 表示面积的校正比例，如公式（6-31）所示。需要特别说明的是：本书所提出的基于混合策略的个性化推荐算法，主要的目的在于在保证一定推荐精度的同时，改善推荐的多样性。

$$R = (1 - P_1) \times R' \tag{6-30}$$

$$P_1 = \frac{|R_l - R'|}{\max\{R_l, R'\}} \tag{6-31}$$

（2）权重 w_{uT_1} 缩小之后的校正过程。

对缩小 w_{uT_1} 后面积校正的处理类似于增大的情况，只需要对公式（6-30）和公式（6-31）进行改变，如公式（6-32）和公式（6-33）。同样需要特别说明的是：在校正中我们考虑到推荐的多样性，但这并不意味着在整个校正过程中不考虑推荐的精度。因此，我们在公式 6-33 中的分母删去了 min，以保证推荐精度。

$$R = (1 + P_1) \times R' \tag{6-32}$$

$$P_1 = \frac{|R_l - R'|}{\min\{R_l, R'\}} \tag{6-33}$$

6.2.4 参数和多样性分析

1. 参数分析

在前面多次提到本书没讨论 w_{oT_1} 和 w_{uo} 的变化，是因为关系〈用户，物品〉、关系〈物品，T_1〉均能从已知信息（比如训练集数据）中得到，在实际的应用中，T_1 可以被其他因素（比如商家、商品生产的相关信息等）所代替。因此，在本书提出的模型中，选择改变权重 w_{uT_1} 而让权重 w_{oT_1} 和 w_{uo} 保持不变。下面本书就从数学的角度重点分析参数 w_{oT_1} 和 w_{uo} 变化不会对用户行为预测产生影响，但权重 w_{uT_1} 变化会对推荐结果产生影响。

分析 1：根据数据信息可以知道，在已知信息（用户商品关系数据）中没有直接表示关系〈用户，T_1〉的信息，因此可以得到如下信息：权重 w_{oT_1} / w_{uo} 的变化将对权重 w_{uo} / w_{oT_1} 产生直接影响并且它们的改变不直接对 w_{uT_1} 产生影响；w_{oT_1} 或 w_{uo} 的讨论过程一样，本书以讨论 w_{oT_1} 为例。

令函数 $f(w_{oT_1}, w_{uo}, w_{uT_1})=b_1$，$w_{oT_1}$ 的变化量是 Δw_{oT_1}，w_{uo} 的变化量是 Δw_{uo}，w_{uT_1} 的变化量为 $\Delta w_{uT_1}=0$，于是可以得到 $f(w_{oT_1}+\Delta w_{oT_1}, w_{uo}+\Delta w_{uo}, w_{uT_1}+\Delta w_{ou})=b_2$，则有公式（6-34）的推导过程。从公式中可以得到，当改变 w_{oT_1} 时，函数关系的值在 w_{oT_1} 变化后并未产生改变。因此，本书可以理解为当改变 w_{oT_1} 时，对用户的行为不会产生影响。

$$\lim_{\substack{\Delta w_{oT_1}\to 0\\ \Delta w_{uo}\to 0}} \frac{|f(w_{oT_1}+\Delta w_{oT_1}, w_{uo}+\Delta w_{uo}, w_{uT_1}+\Delta w_{ou})-f(w_{oT_1}, w_{uo}, w_{uT_1})|}{\sqrt{w_{oT_1}^2+w_{uo}^2}} = \lim_{\substack{\Delta w_{oT_1}\to 0\\ \Delta w_{uo}\to 0}} \frac{|b_2-b_1|}{\sqrt{w_{oT_1}^2+w_{uo}^2}} = 0 \tag{6-34}$$

分析 2：因为在已知信息中没有直接表示关系〈用户，T_1〉的信息，所以选择不同的 T_1 会对用户的行为产生影响，这正是 T_1 存在的价值体现。与分析 1 同理，仍然可以用导数的概念来解释 w_{uT_1} 的变化对用户行为会产生影响。因为 T_1 与商品直接相关，商品又与用户直接相关，所以当 w_{uT_1} 改变时，会引起 w_{oT_1} 和 w_{uo} 同时改变。

令 $\Delta w_{uT_1}=x_0\neq 0$，当 w_{uT_1} 改变时，会引起 w_{oT_1} 和 w_{uo} 同时改变，于是可以得到 $f(w_{oT_1}+\Delta w_{oT_1}, w_{uo}+\Delta w_{uo}, w_{uT_1}+\Delta w_{uT_1})=b_3$，则有公式（6-35）的推导过程。从公式可以得出，当改变 w_{uT_1} 时，会对用户行为产生影响。因为无法保证 w_{oT_1}、w_{uo} 和 w_{uT_1} 总能满足构成三角形的条件，所以需要对 w_{uT_1} 进行增大或减小处理，使之能与 w_{oT_1} 和 w_{uo} 构成三角形，进而求得三角形面积；同时，由于 w_{uT_1} 的改变会对三角形面积产生影响，所以需要通过本书中的公式（6-30）、公式（6-31）、公式（6-32）与公式（6-33）确定最终的三角形面积值。

综上分析，本书只讨论 w_{uT_1} 的改变，而不讨论 w_{oT_1} 和 w_{uo} 的改变。

$$\lim_{\substack{\Delta w_{oT_1}\to 0\\ \Delta w_{uo}\to 0\\ \Delta w_{uT_1}\to x_0}} \frac{|f(w_{oT_1}+\Delta w_{oT_1}, w_{uo}+\Delta w_{uo}, w_{uT_1}+x)-f(w_{oT_1}, w_{uo}, w_{uT_1})|}{\sqrt{w_{oT_1}^2+w_{uo}^2+w_{uT_1}^2}} = \lim_{\substack{\Delta w_{oT_1}\to 0\\ \Delta w_{uo}\to 0\\ \Delta w_{uT_1}\to x_0}} \frac{|b_3-b_1|}{\sqrt{w_{oT_1}^2+w_{uo}^2+w_{uT_1}^2}} = \frac{|b_3-b_1|}{|x_0|}\neq 0 \tag{6-35}$$

2. 多样性分析

本书提出的基于混合策略的个性化推荐算法，要达到的目的是在保证一定推荐精度的同时，提升推荐的多样性。因此，本书在传统推荐算法的用户物品关系中加入“第三因素”来构建一种基于混合策略的个性化推荐方法来提高推荐算法的多样性。那么，是否存在增加因素越多算法的多样性越好呢？为此本节将采用类似判断极限是否存在的“夹逼定理”以及线性代数中方程组求解等方法进行分析，并分析加入更多因素时多样性的表现问题。

定理 1　三角形推荐算法与两个维度的推荐算法相比具有更好的多样性。

证明：现有推荐算法已经引入了各领域的各种各样的方法，利用二部网描述如何给目标用户做推荐。这些算法主要注重于推荐的准确性，而在多样性和新颖性方面表现较差。现在最受欢迎的推荐算法，并不是有较高准确性的算法，而是在多样性和新颖性有更好表现的算法[56]。我们可以做如下假设，把用户和商品两个因素映射到一个线性函数中，如公式（6-36）所示。这里的 y 和 x_i 分别表示用户和物品，当斜率 a（表示用户和物品关系的强弱）越大时，说明用户对此物品的感兴趣程度越高，因此物品 x_i 会被推荐给用户。这样就能提高推荐的准确性。由于 y 值较大的 L 个实体不能规则地分布在一条线上，所以需要平移 b_1 和 b_2 个单位，如图 6-3 所示，使得距离为 D 的空间内至少有 L 个实体到 y 的距离最短，然后把 L 个实体推荐给目标用户。其中 D 可以表示为如公式（6-37）的形式。

$$y = a \times \max\{x_1, x_2, \cdots, x_n\} \pm b (a \geqslant 0, b \geqslant 0) \tag{6-36}$$

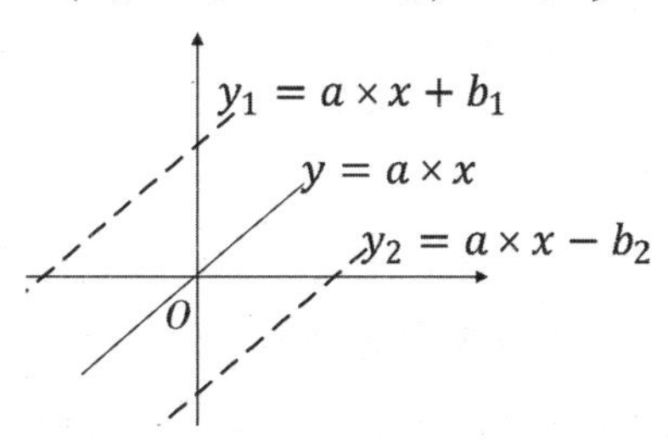

图 6-3　公式示意图

图 6-3 反映了公式（6-36）和公式（6-37）的内容，在常规用户-物品关系中，注重推荐的准确性，把位于 $y_1 = a \times x + b_1$ 和 $y_2 = a \times x - b_2$ 之间的实体推荐给用户。

$$D = \frac{b_1 + b_2}{\sqrt{1 + a^2}} \tag{6-37}$$

此时，如果加入“第三因素”，就等同于在公式（6-36）中加入一个未知参数，如公式（6-38）所示。

$$y = a \times \max\{x_1, x_2, \cdots, x_n\} + c \times z \pm b (a \geqslant 0, b \geqslant 0) \tag{6-38}$$

在二元关系中，参数（y，x）一定会受到约束，而 z 为自由变量。这类似于线性代数中多元一次方程组求解，因此一定可以在三维空间中找到满足公式（6-38）的 z 值，并且存在很多满足条件的值。这就是加入“第三因素”后多样性有更好表现的原因。

定理 2　加入四个因素甚至更多因素的推荐算法可用三因素来表示。

证明：假设以用户、物品、T_1 和第四因素 T_2 构建了一种具有多样性的推荐算法。很清楚的是无论加入了多少维，新加入的维度一定要和物品有紧密联系。那么此时我们需要讨论如图 6-4 的情况来一并说明四个因素甚至更多所有可能存在的分布状态。当然，我们还是利用每种可能状态下所构成图形的面积来做分析。下面的工作本书将借助图 6-4 进行说明。

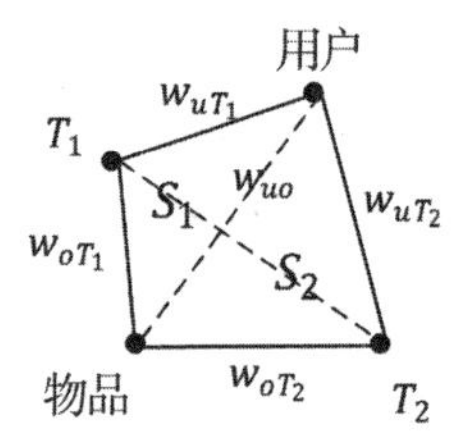

图 6-4　示意图

图 6-4 中 w_{ij} 表示两点之间的关系权重，值越大则说明关系越强。$S_k (k = 1, 2)$ 表示上下部分三角形的面积。

由于四点构成的四边形多种多样，即不一定构成规则图形，所以本书设定四边形的面积为 S，则可表示为公式（6-39）的形式。不难看出，w_{uo} 是 S_1、S_2 及 S 中最重要的权重，这也正好是现有研究用户和商品两者关系的推荐算法中研究的重点。此时，本书又需要分两种情况讨论 S_1、S_2。

$$S = S_1 (w_{uT_1}, w_{oT_1}, w_{uo}) + S_2 (w_{uo}, w_{oT_2}, w_{uT_2}) \tag{6-39}$$

（1）当 $S_1 = S_2$ 时，对于目标用户来说，只需要多一个因素，要么选择 T_1，要么选择 T_2。这时，就可以表示它们之间的关系。

（2）当 $S_1 < S_2$ 或 $S_1 > S_2$ 时，S 的大小是两者（三维关系）的和，目标用户的推荐列表只受到其中一个新因素的影响较大，所以另一新因素就是多余的，这时，也只需要三个因素就可以表示它们之间的关系。

总结上面讨论的两种情况，本书通过使用“夹逼定理”来说明在传统的推荐算法中加入第三因素的重要性。本书的目的是提高推荐的多样性，但又不能完全丢掉推荐的准确性。在传统的基准推荐算法中，很难实现较好的推荐多样性；在四个甚至更多的因素加入后，通过上面的讨论，会存在多个因素不能有效地对最终的关系产生较大的影响。多因素的情况均可化为若干三因素关系研究。而在三维关系中，既能保留只研究用户和物品两者关系的推荐算法的推荐准确性优点，又能提高推荐的多样性。因此，本书所提出的在常规的用户和商品关系中加入“第三因素”对提高推荐的多样性是有效的。

6.3 实验与分析

6.3.1 结果预分析

本节将本书提出的基于混合策略的个性化推荐算法用于上述三个真实公开数据集中，通过第三章中介绍的七个评价标准来衡量本书所提算法的性能；同时，为了便于算法性能比较，本书也实现了额外的四个算法，包括协同过滤算法（UCF 和 ICF）、热传导算法（HC）以及 CosRA 算法。除了热传导算法，另外三个算法主要以推荐的准确性为主，推荐的多样性都普遍较差；热传导算法与本书列举的算法和其他的大多数基准算法都不一样，该算法强调推荐的多样性，这在现如今海量信息数据存在的情况下有重要的意义；在本书的摘要中描述了过度强调推荐的准确性会带来的影响，在第四章中本书详细说明了基于混合策略的个性化推荐算法将如何保证一定程度上的推荐准确性，特别地，分析了算法的多样性，因此在实验的结果比较中本书重点关注推荐的多样性。另外，Yu Fei 等[56]的研究表明，最受欢迎的算法虽然并没有达到很高的准确性，但多样性表现却很突出，S. M. McNee 等[87]和 M. Zhang 等[88]的研究表明，对准确性的过度关注可能会对推荐结果产生不利的影响，特别是这些算法对用户利益的影响。因此，本书重点要和算法 HC 进行准确性和多样性的比较，对于和其他算法的比较，本书重点关注其算法的多样性表现。关于本书的多样性分析问题，在第四章已经从数学的角度进行了详细的分析，在此不再赘述。

6.3.2 实验结果对比

1. MovieLens-100K 结果

表 6-1 所示为本书算法和其他几个算法在数据集 MovieLens-100K 中的性能表现。从表中可以看出本书算法的 Hamming 值最高，Intra-similarity 值最低，Novelty 值最小。虽然本书算法在衡量准确性的四个标准中表现不如其他推荐算法，但在衡量多样性和新颖性的三个值中的表现为最好。另外，在描述准确性的四个标准中，可以看出 MAP 较为反常，与其他算法的值差别最大，是因为 MAP 是反映推荐列表再现测试集中用户行为数据出现的先后顺序的能力，当对数据进行随机划分时，并没有遵守时间轴的顺序，所以其 MAP 值是不合理的；当加入时间因素后，测试集中用户的行为数据严格按照时间轴的顺序出现，在计算 MAP 时也就更加符合实际情况。

表 6-1　**算法在** MovieLens-100K **上的性能表现**

MovieLens-100K	AUC	MAP	Precision	Recall	Hamming	Intra-similarity	Novelty
UCF	0.878	0.316	0.069	0.432	0.565	0.389	242
ICF	0.880	0.352	0.072	0.443	0.676	0.415	210
CosRA	0.902	0.373	0.081	0.527	0.724	0.334	205
本书算法	0.615 0	0.048 2	0.044 6	0.319 6	0.886 2	0.002 4	138

由于本书采用了十倍交叉验证的方式对算法性能进行验证，所以可以得到每个算法在十次运算中每个标准值的变化情况，见图 6-5 至图 6-9。

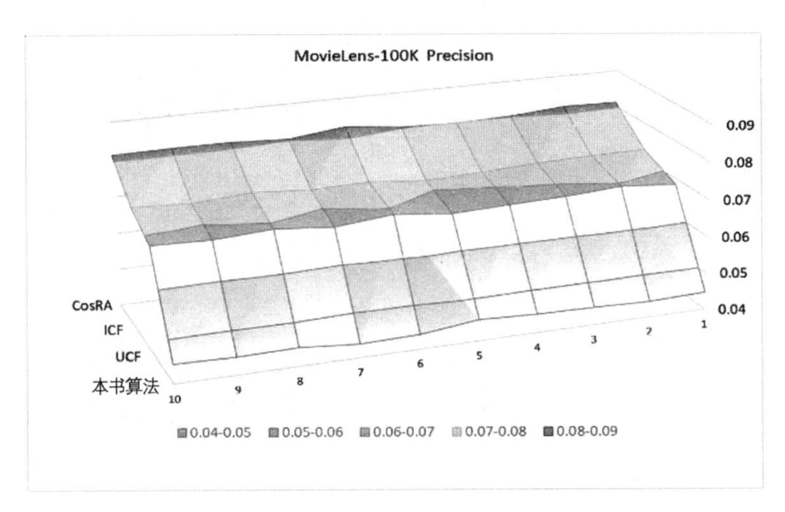

图 6-5 各算法在 Precision 中的十次表现情况

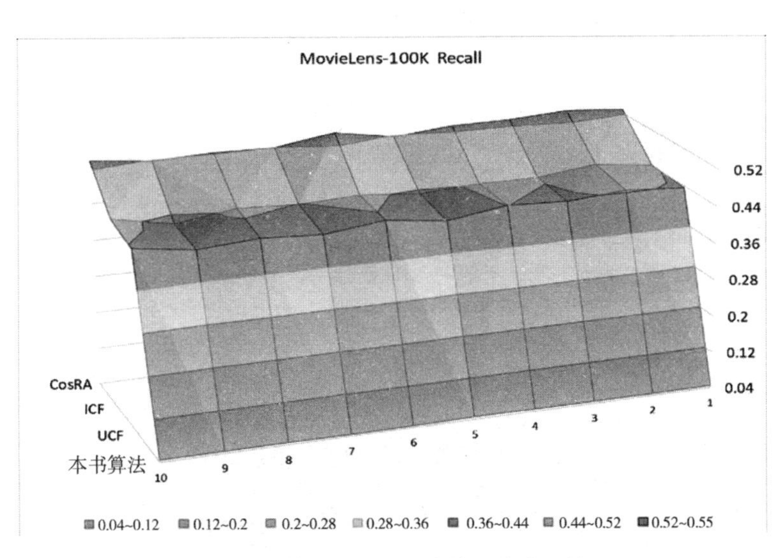

图 6-6 各算法在 Recall 中的十次表现情况

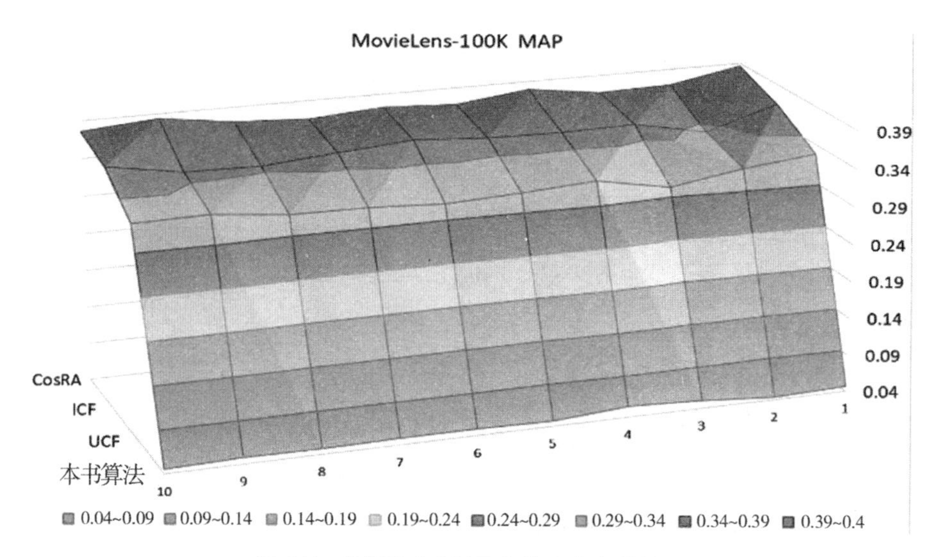

图 6-7　各算法在 MAP 中的十次表现情况

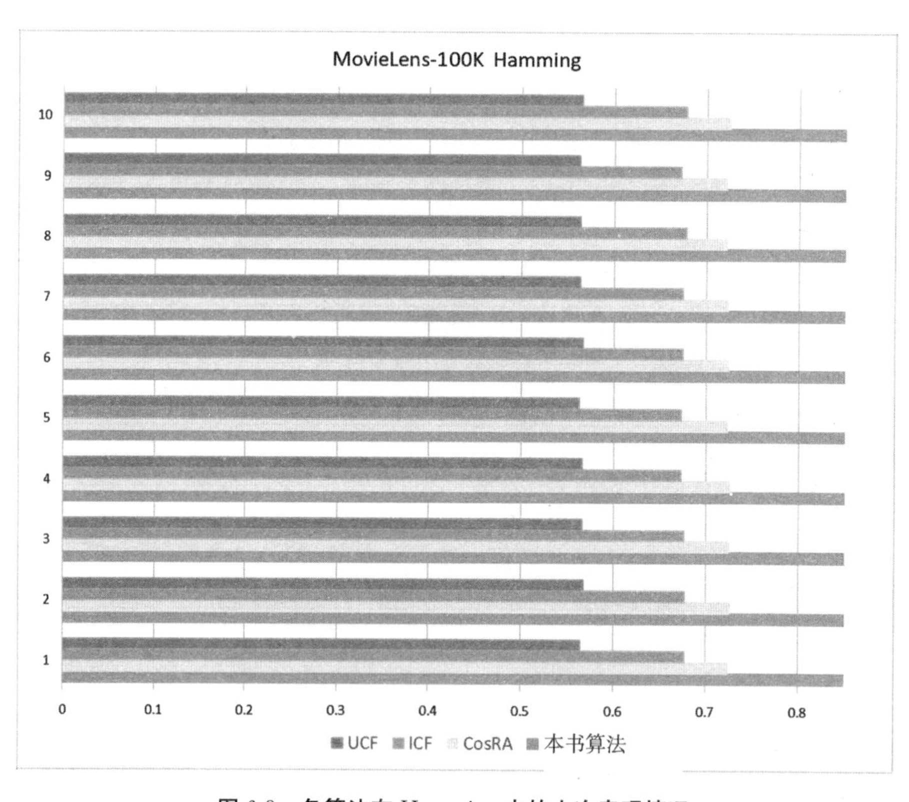

图 6-8　各算法在 Hamming 中的十次表现情况

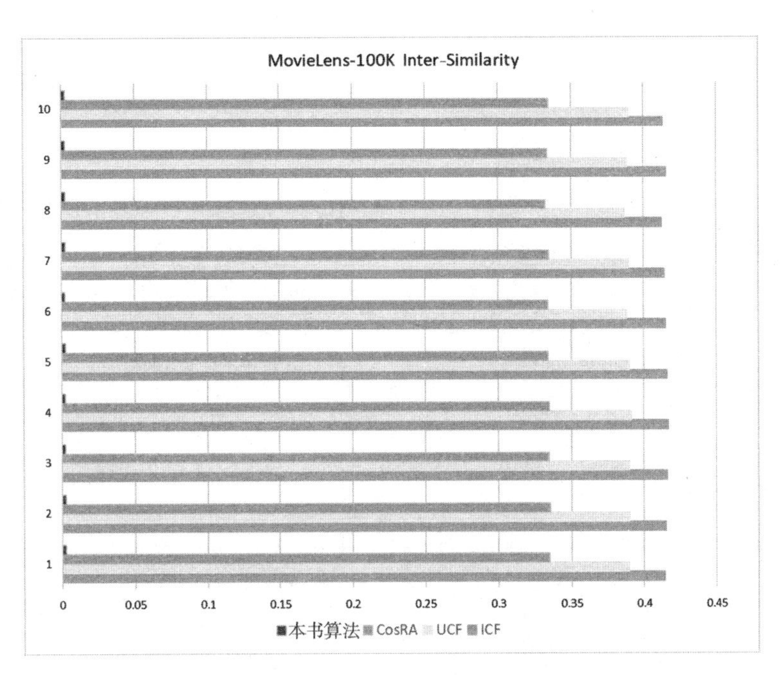

图 6-9　**各算法在** Intra-similarity **中的十次表现情况**

其中，图 6-5 至图 6-7 为 Precision、MAP 以及 Recall 指标值在十次实验中的表现情况，图 6-8 和图 6-9 分别反映的是 Hamming 和 Intra-similarity 标准值在十次计算中的表现情况，从图中可以直观地看出，准确性高的算法在十次计算中一直保持优势；本书算法的多样性在十次中一直保持着优势。这个结果与表 6-1 中反映的情况基本保持一致。

为了进一步观察每个用户的推荐列表和测试集的匹配程度，本书算法用散点图将匹配程度反映在图 6-10 中，图 6-11 为图 6-10 中的局部情况，其中红色代表既在推荐列表中也在测试集中的物品，即推荐准的物品。从图 6-11 中可以直观看出，本书算法推荐的物品大多分布在物品编号较大的区域，散点图有助于帮助解释本书提出的基于混合策略的个性化推荐算法在准确性方面为什么表现不如其他的传统算法。结合推荐系统在实际中的应用来看，推荐的物品应该按照时间轴的顺序向后推荐，这才符合实际应用的客观；同时，这也可能会导致一个问题，那就是一定程度上会导致推荐的准确性表现没有传统的推荐算法好。为了说明这一点，本书通过统计原始数据集中物品的度和时间绘制如下图 6-12 和图 6-13 进一步对推荐结果进行讨论。

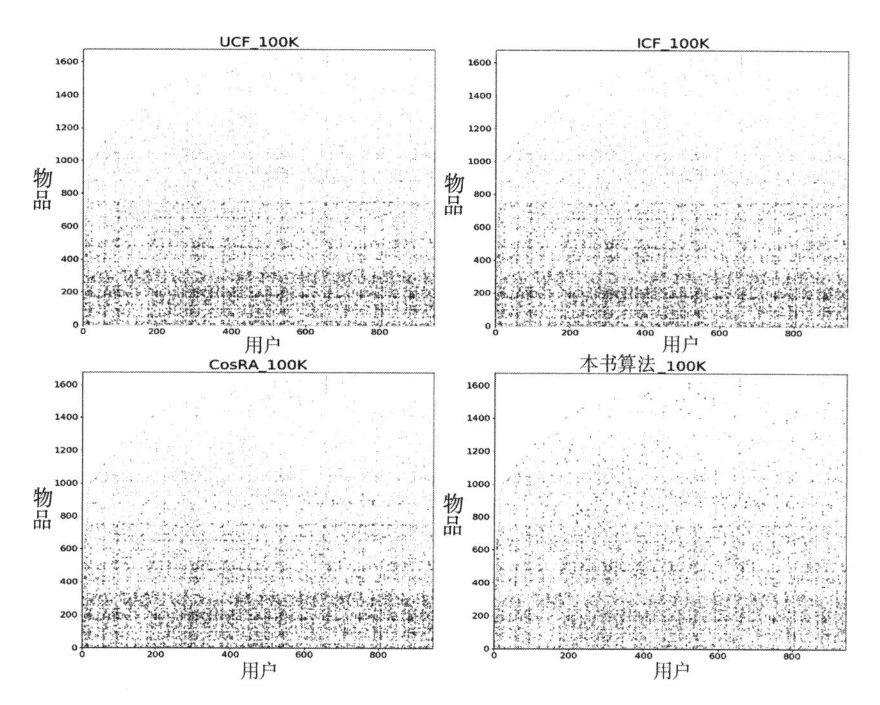

图 6-10　各算法的推荐列表和测试集的匹配情况

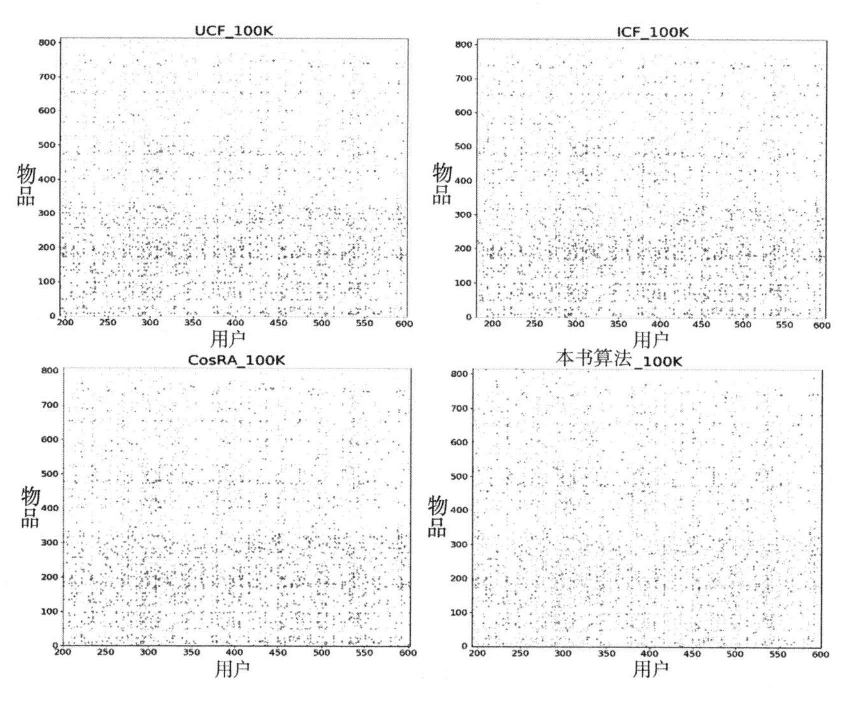

图 6-11　各算法的推荐列表和测试集的局部匹配情况

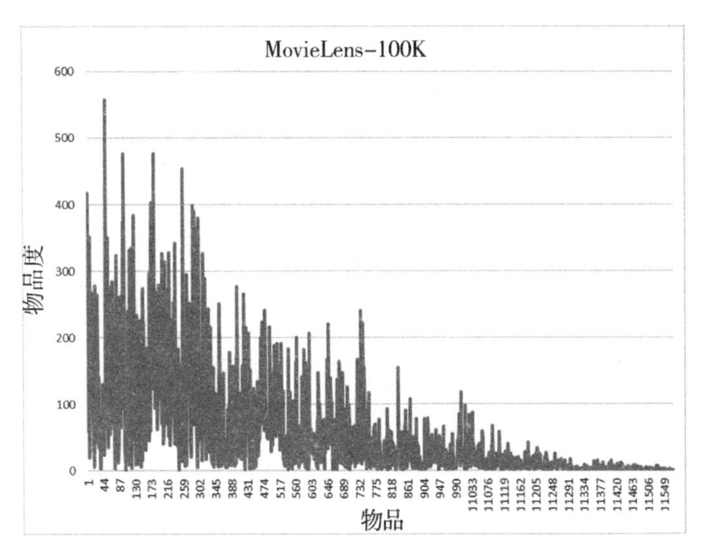

图 6-12 MovieLens-100K **中物品度的分布情况**

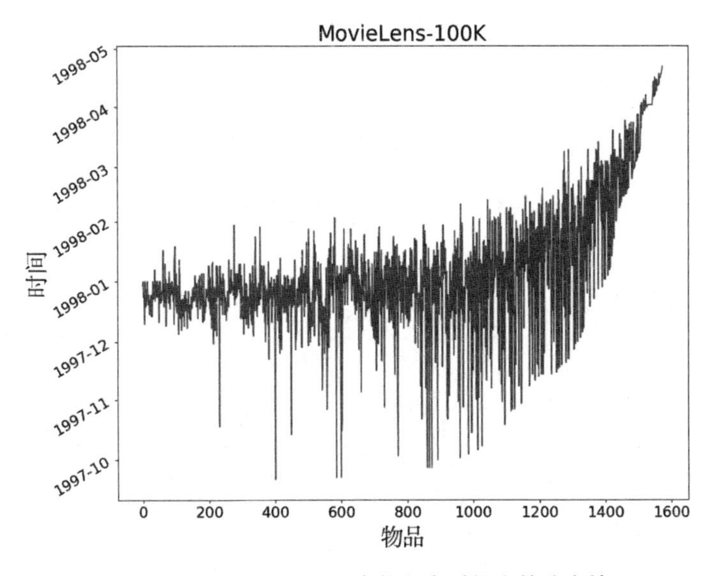

图 6-13 MovieLens-100K **中物品在时间上的分布情况**

在此，本书以准确性表现最好的算法（CosRA）和本书算法结合图 6-12 和图 6-13 进行讨论。从图 6-10 和图 6-11 可以直接得到的是本书算法主要推荐的是物品编号较大的物品，CosRA 算法主要推荐的是物品编号处于前中部的物品，再从图 6-12 和图 6-13 来看，随着物品编号的逐渐增大，其物品的度明显减小；同时其物品出现的时间明显靠后。为了更清晰地描述散点图，本书再根据两算法的十次推荐结果，绘制每次推荐准的物品在时间上的分布图，若同一物品在一次推荐运算中被推荐给了多个用户，那么取该物品出现时间的平均值，如图 6-14 和图 6-15 所示。其中，time 代表原始数据的时间范围，count 代表了在某个时间段内每次算法推荐准确的物品数量。

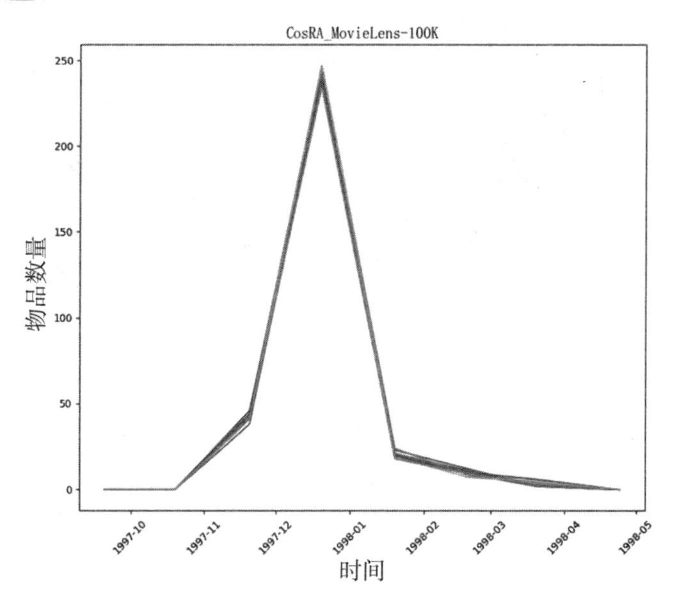

图 6-14　散点图补充说明——CosRA 算法每次推荐的物品在时间上的分布情况

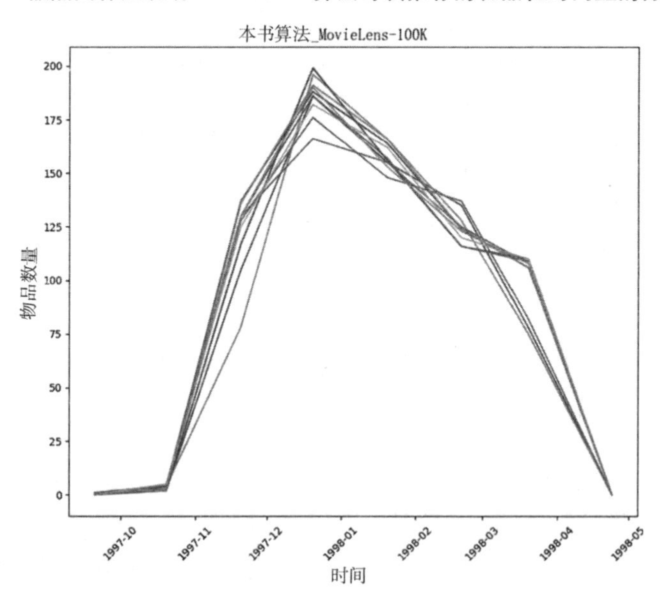

图 6-15　散点图补充说明——本书所提算法每次推荐的物品在时间上的分布情况

到此，可以看出图 6-14 和图 6-15 反映的情况和散点图的情况非常一致，CosRA 推荐的物品主要集中在时间轴的前中部分，本书算法虽然在中后部分有所减少，但远多于 CosRA 算法对于时间轴中后部分物品的推荐。而且在两图的比较中可以看出，CosRA 算法推荐准确的物品过度集中在中部区域，导致在不同用户的推荐列表中经常出现相同的物品，导致 Hamming 值变小；这符合图 6-8 中 Hamming 值的情况。本书算法在时间轴中后段推荐了较多的物品，由于这些物品的度相对较小，因此，一定程度上会影响推荐的准确性。

结合推荐算法在实际中的应用，可以知道按照时间轴向后推荐才是最符合实际应用的，从上面的散点图可以看出，本书推荐的物品确实主要分布在物品编号较大的区域，这说明本书的推荐算法是按照时间轴的顺序进行推荐。然而，在传统的推荐算法中，由于实验数据是随机划分的，同时算法设计主要考虑物品或用户度的变化情况，这就会导致推荐算法向前推荐，即本来已经知道了用户的历史行为，但算法还在继续预测过去的行为，一定程度上使算法的准确性有了很大提高。通过前面的讨论以及图例可以知道，本书所提出的推荐算法遵守时间轴的客观规律对用户行为做出预测，这也是本书推荐算法的准确性表现不如传统推荐算法的原因。另外，关于本书所提出的算法和 HC 算法在 MovieLens-100K 上的表现相近是因为 HC 算法本身就考虑了度小的物品，推荐的物品大多分布在编号较大的区域，相当于在推荐的过程中给予了这些物品“额外的照顾”，这与图 6-12 和图 6-13 中所反映的原始数据中物品度和时间分布的情况吻合，因此该算法在准确性上表现也不突出。

表 6-2　本书和 HC 算法在 MovieLens-100K 上的性能表现

MovieLens-100K	AUC	MAP	Precision	Recall	Hamming	Intra-similarity	Novelty
HC	0.840	0.024	0.025	0.146	0.859	0.058	25
本书	0.6150	0.0482	0.0446	0.3196	0.8862	0.0024	138

从表 6-2 中可以看出，本书的算法和 HC 算法在多样性和新颖性方面的性能比其他算法要好，但这两个算法的共同点是在准确性方面的表现没有其他算法的好，在七个评价标准中，HC 算法仅在 AUC 和 Novelty 值中表现较好，从准确性的角度出发，本书要比 HC 算法好。

为了观察每个算法在十次运算中每个标准值的变化情况，本书为此将十次的结果反映在图 6-16 至图 6-20 中。

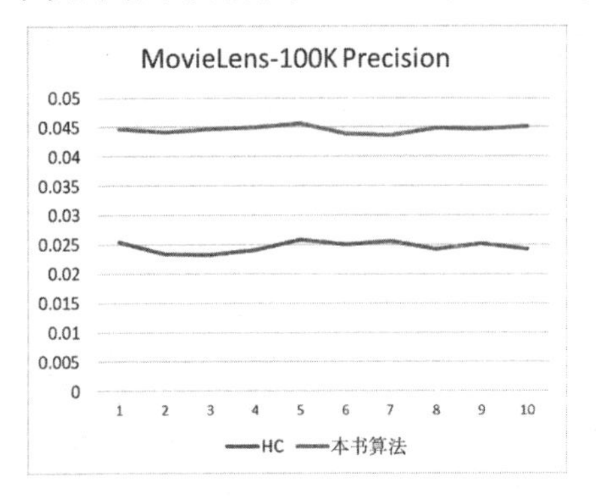

图 6-16 HC 算法和本书算法在 Precision 中的十次表现情况

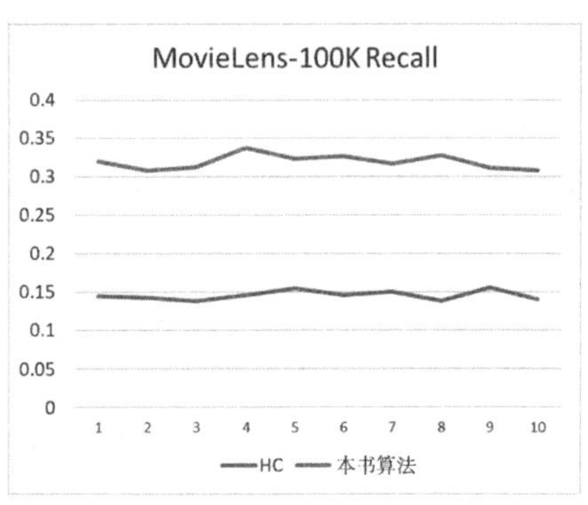

图 6-17 HC 算法和本书算法在 Recall 中的十次表现情况

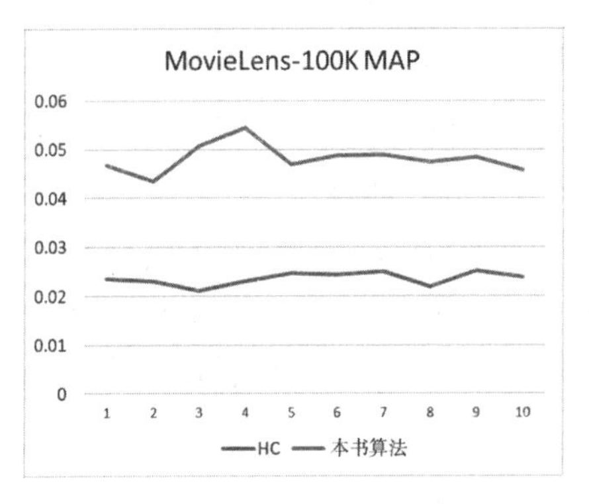

图 6-18 HC 算法和本书算法在 MAP 中的十次表现情况

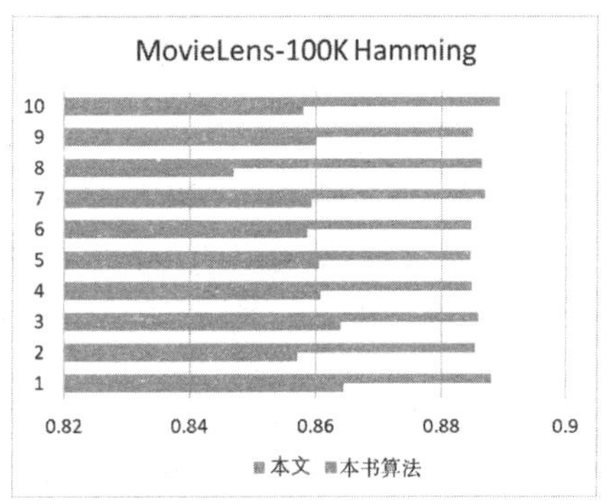

图 6-19 HC 算法和本书算法在 Hamming 中的十次表现情况

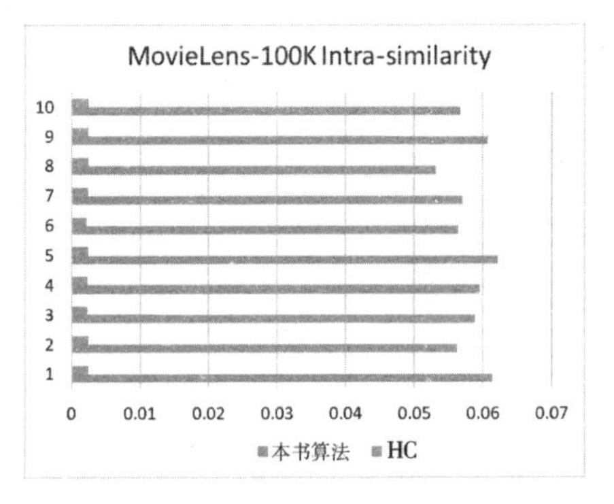

图 6-20 HC 算法和本书算法在 Intra-similarity 中的十次表现情况

同样地，为了进一步观察每个用户的推荐列表和测试集的匹配程度，本书用散点图将匹配程度反映在图 6-21 中，图 6-22 为图 6-21 中的局部情况。

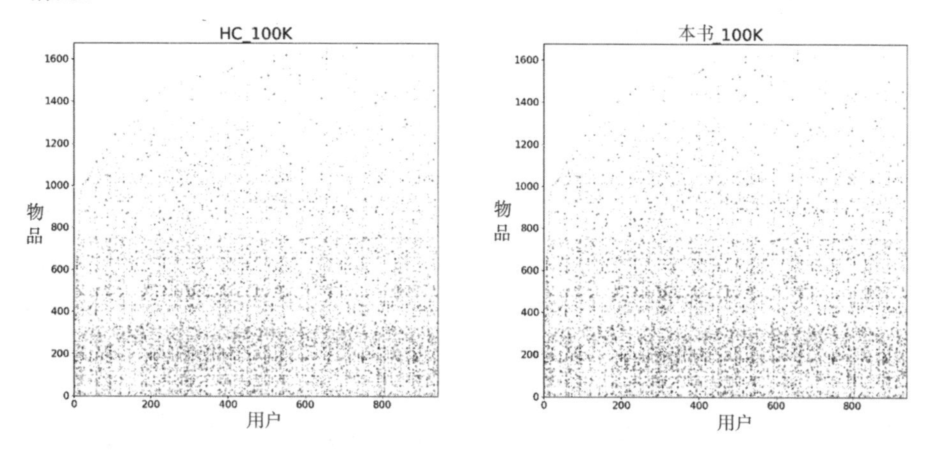

图 6-21　HC **和本书算法的推荐列表和测试集的匹配情况**

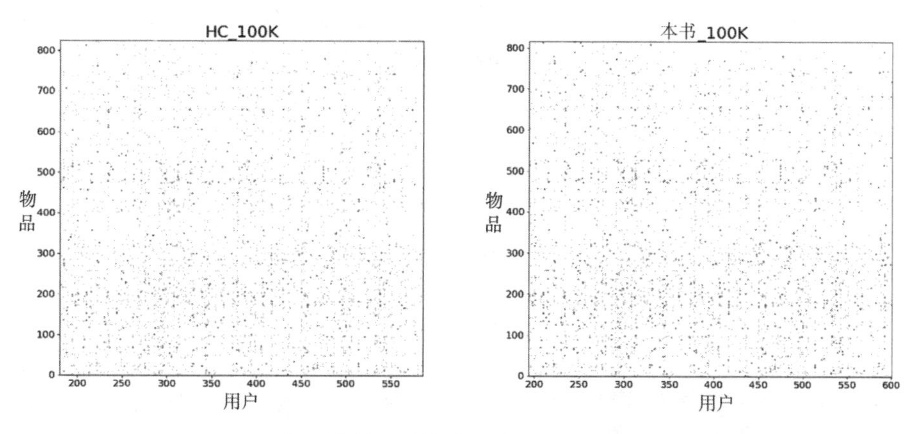

图 6-22　HC **和本书算法的推荐列表和测试集的局部匹配情况**

无论从图 6-21 还是从局部图 6-22 中，都可以清晰地看出本书在该数据上的推荐列表质量比 HC 算法的好。

2. MovieLens-1M 结果

表 6-3 所示为本书算法和其他几个算法在数据集 MovieLens-1M 中的性能表现。从表中可以看出本书算法的 Hamming 值最高，Intra-similarity 值最低，Novelty 值最小。与在 MovieLens-100K 数据集中的表现类似，虽然本书算法在衡量准确性的四个标准中表现没有其他推荐算法好，但在衡量多样性和新颖性的三个值中的表现仍然为最好。

表 6-3　算法在 MovieLens-1M 上的性能表现

MovieLens-1M	AUC	MAP	Precision	Recall	Hamming	Intra-similarity	Novelty
UCF	0.875	0.293	0.064	0.258	0.410	0.444	1632
ICF	0.887	0.383	0.077	0.314	0.624	0.435	1 442
CosRA	0.893	0.382	0.079	0.347	0.596	0.387	1 534
本书算法	0.571 7	0.044 7	0.033 4	0.294 0	0.804 3	0.001 7	531

继续观察每个算法在十次运算中每个标准值的变化情况，见图 6-23 至图 6-27。

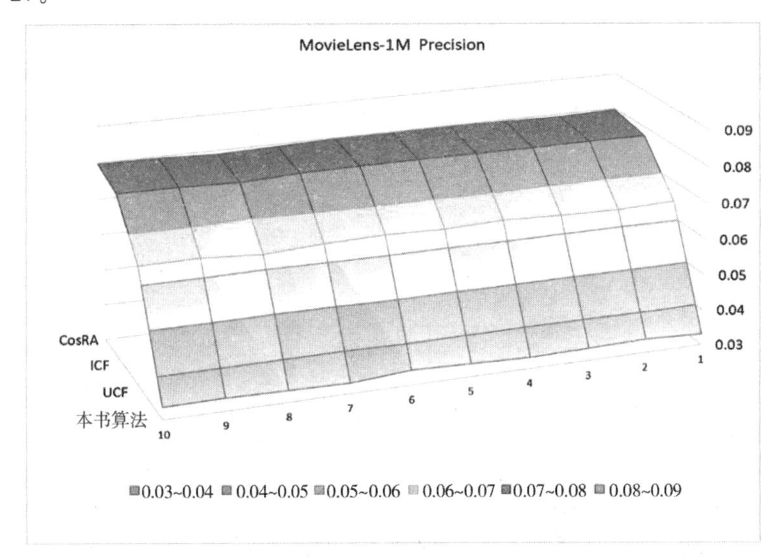

图 6-23　各算法在 Precision 中的十次表现情况

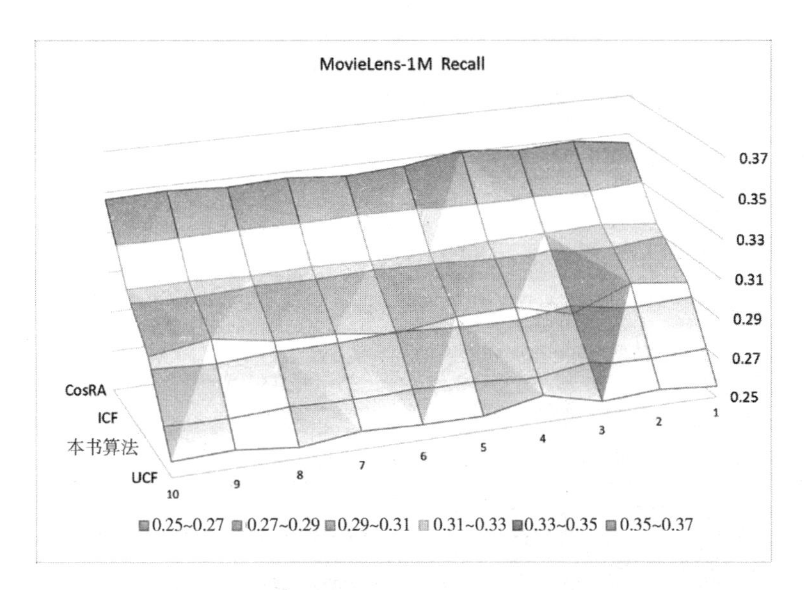

图 6-24 各算法在 Recall 中的十次表现情况

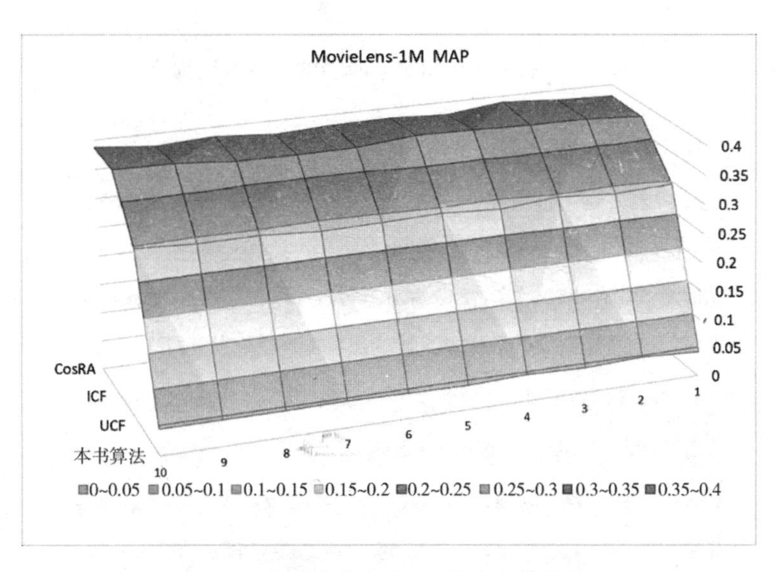

图 6-25 各算法在 MAP 中的十次表现情况

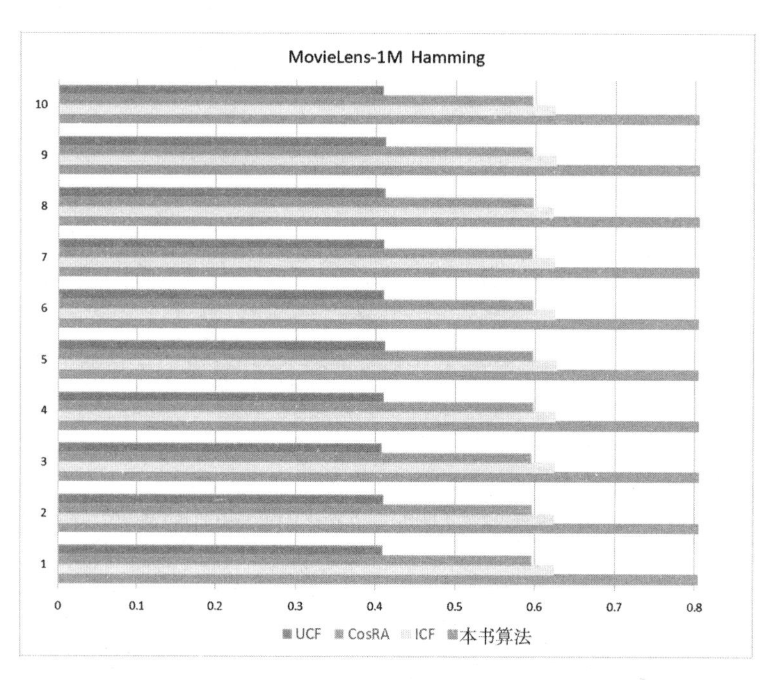

图 6-26　**各算法在** Hamming **中的十次表现情况**

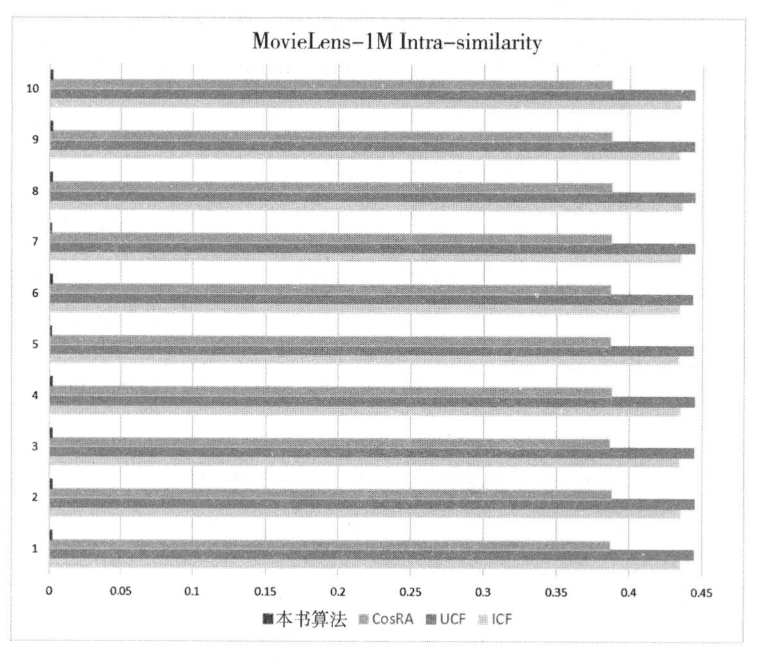

图 6-27　**各算法在** Intra-similarity **中的十次表现情况**

其中，图 6-23 至图 6-25 所示为 Precision、MAP 以及 Recall 指标值在

十次计算中的表现情况，图 6-26 和图 6-27 分别反映的是 Hamming 和 Intra-similarity 标准值在十次计算中的表现情况，从图中可以直观地看出，关注推荐准确性的几个算法在推荐的精度方面仍然具有优势；另外，本书算法的多样性在十次中一直保持着优势。这个结果与表 6-3 中反映的情况基本保持一致。

为了进一步观察每个用户的推荐列表和测试集的匹配程度，本书算法用散点图将匹配程度反映在图 6-28 中，图 6-29 为图 6-28 的局部情况，其中红色仍然代表推荐准的物品。从图 6-28 中可以看出，本书算法推荐的物品明显是编号较大的物品，到现在为止，从匹配图中可以直观看出本书算法的推荐结果始终是按照时间轴的顺序推荐的，这符合实际中按照时间顺序向后推荐的客观事实。和上一节一样，本书仍然绘制原始数据中物品的度和物品在时间上的分布情况，见图 6-30 和图 6-31。另外，本书仍绘制图 6-32 和图 6-33 展示在不同时间段算法推荐准确的物品个数的变化情况，同时也是为了对散点图做进一步描述。

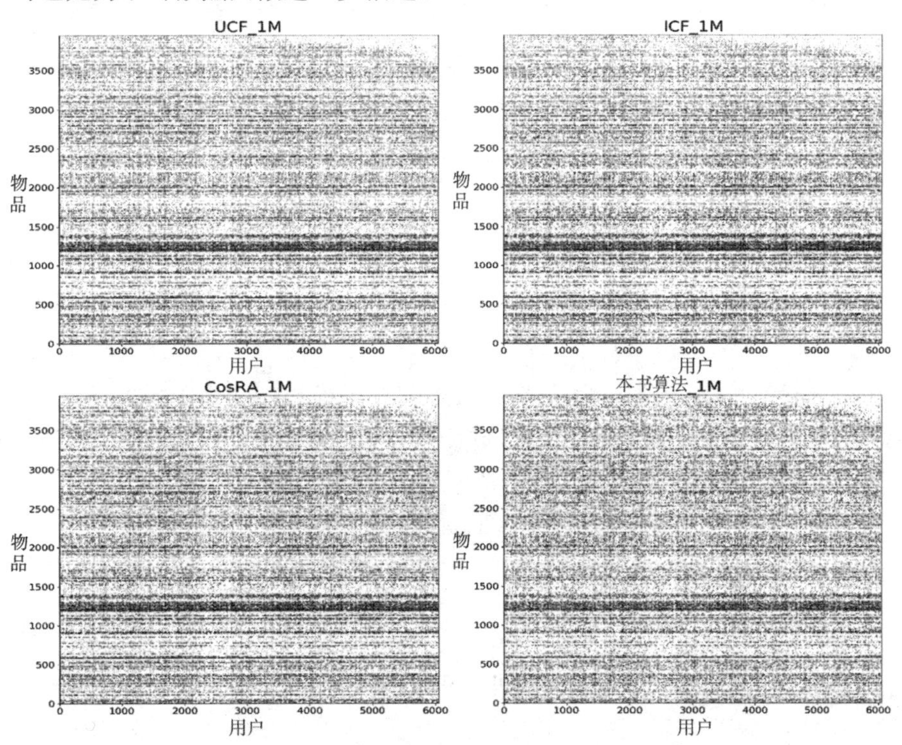

图 6-28　各算法的推荐列表和测试集的匹配情况

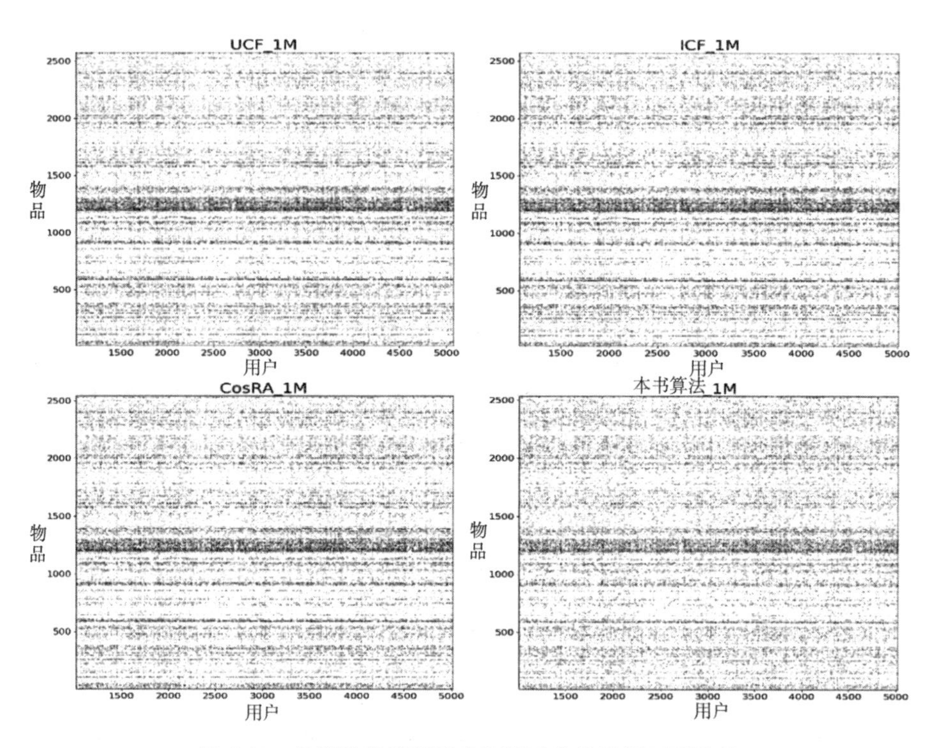

图 6-29　各算法的推荐列表和测试集的局部匹配情况

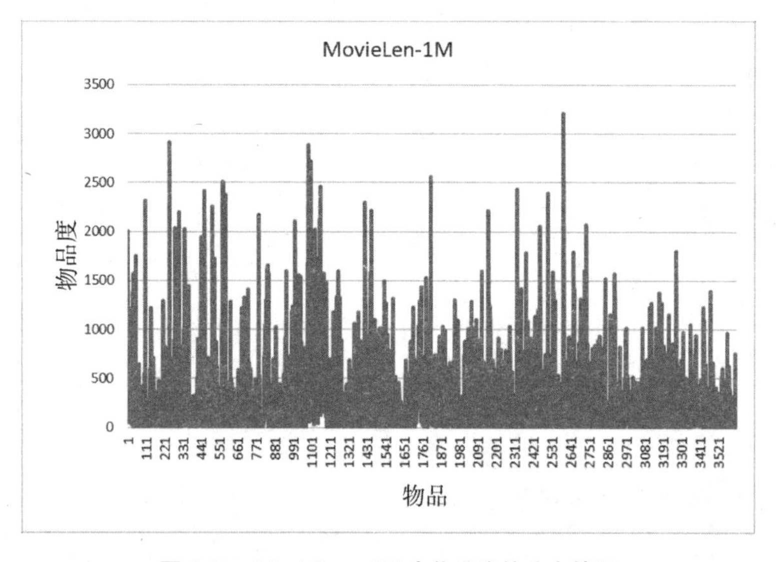

图 6-30　MovieLens-1M 中物品度的分布情况

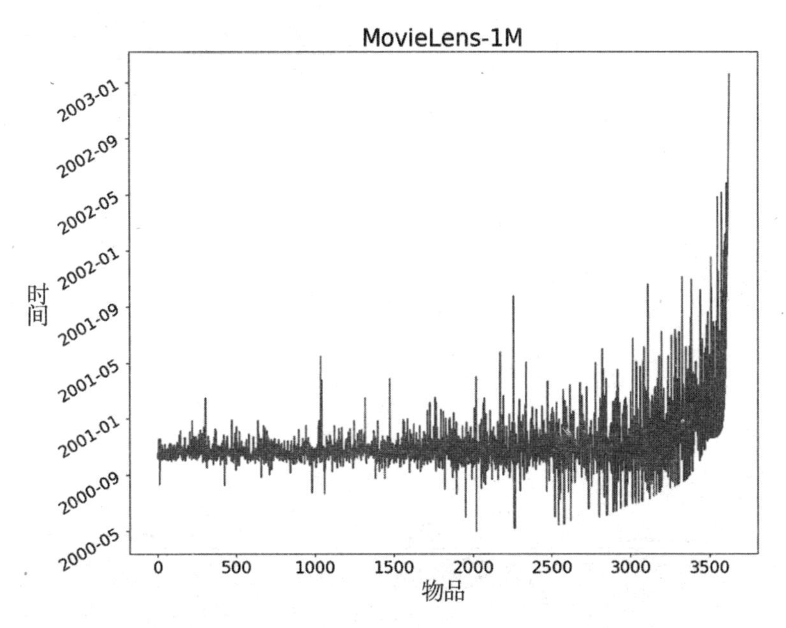

图 6-31　MovieLens-1M 中物品在时间上的分布情况

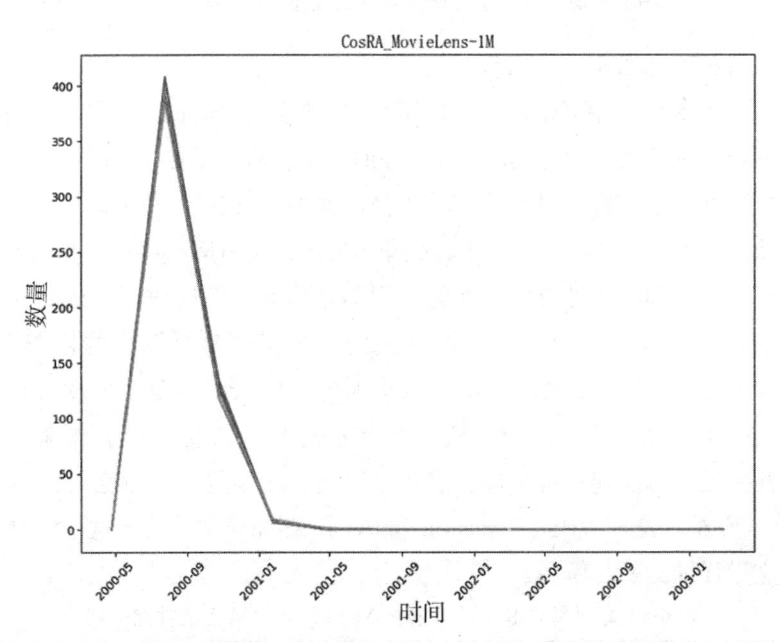

图 6-32　散点图补充说明——CosRA 算法每次推荐的物品在时间上的分布情况

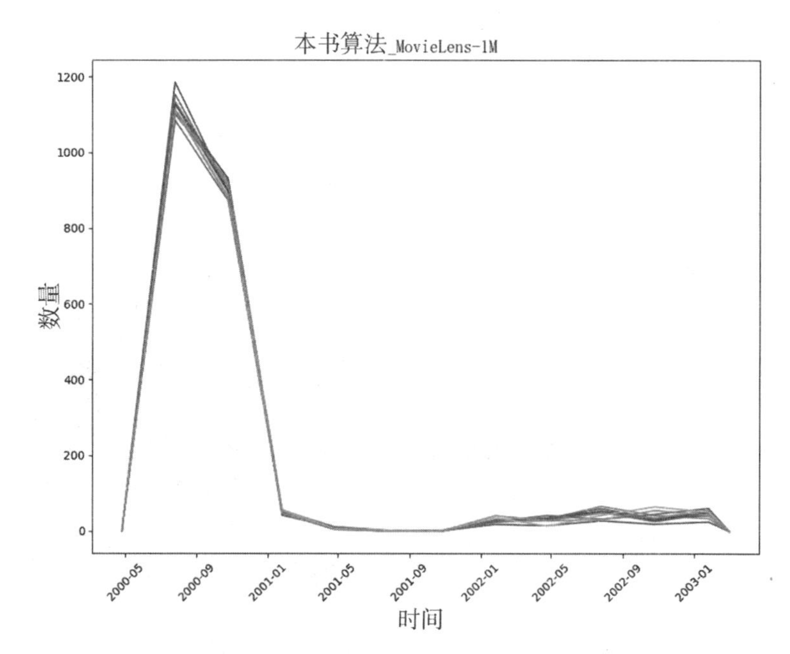

图 6-33　散点图补充说明——本书所提算法每次推荐的物品在时间上的分布情况

从图 6-30 和图 6-31 中可以看出，和上一节中的所描述的情况基本一样。从图 6-33 和图 6-32 中可以看出，本书提出的算法每次的推荐结果在时间上的分布与 CosRA 算法有明显的区别，但在时间轴的后段不像在 MovieLens-100K 中那样两个算法推荐结果差别明显，也符合散点图中反映的情况。

从表 6-4 中可以看出，对于数据集 MovieLens-1M，本书的算法和 HC 算法在多样性和新颖性方面的性能差别不是很大，但这两个算法的共同点是在准确性方面的表现没有其他算法的好；就这两个算法的比较而言，HC 的准确性要好于本书的算法，这是因为 HC 从度的角度出发，研究物品之间的相似性，从而决定了资源如何进行分配，这有利于准确性的提高。几乎没有方法能在准确性、多样性以及新颖性等三个方面同时达到最好[56]。另外，表 6-4 中的 Precision 和 Recall 存在异常，关于这个问题，将在后文做详细分析与解释。

表 6-4　本书算法和 HC 算法在 MovieLens-1M 上的性能表现

MovieLens-1M	AUC	MAP	Precision	Recall	Hamming	Intra-similarity	Novelty
HC	0.883	0.034	0.036	0.158	0.856	0.046	199
本书算法	0.571 7	0.044 7	0.033 4	0.294 0	0.804 3	0.001 7	531

为了观察每个算法在十次运算中每个标准值的变化情况，在此将十次的结果反映在图 6-34 至图 6-38 中。

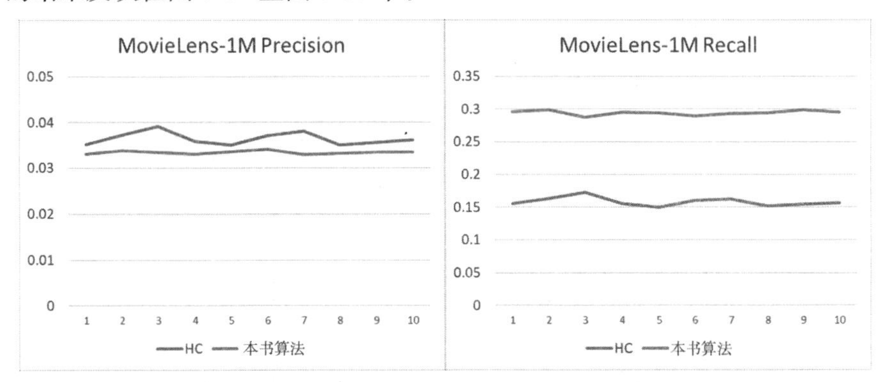

图 6-34　HC **算法和本书算法在** Precision **中的十次表现情况**

图 6-35　HC **算法和本书算法在** Recall **中的十次表现情况**

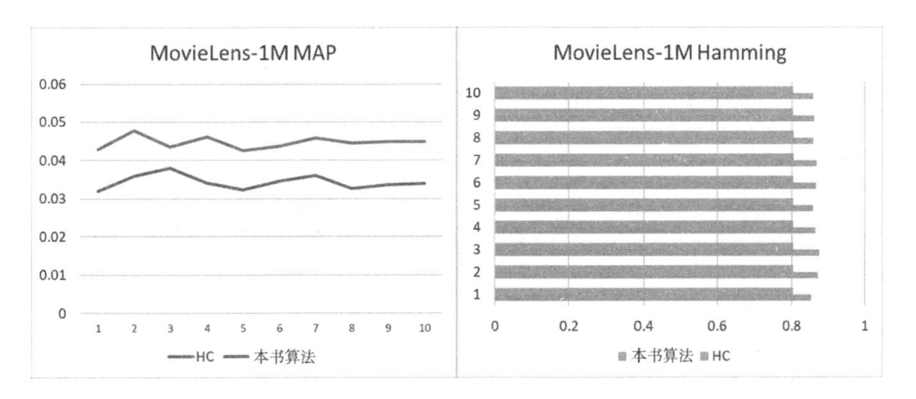

图 6-36　HC **算法和本书算法在** MAP **中的十次表现情况**

图 6-37　HC **算法和本书算法在** Hamming **中的十次表现情况**

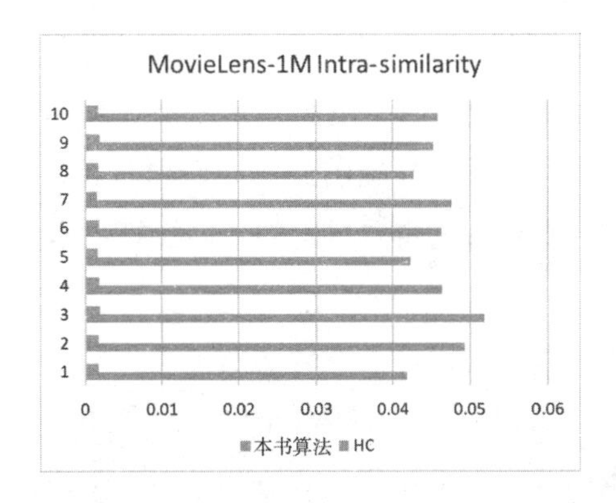

图 6-38　HC **和本书算法算法在** Intra-similarity **中的十次表现情况**

同样地，为了进一步观察每个用户的推荐列表和测试集的匹配程度，本书用散点图将匹配程度反映在图 6-39 中，图 6-40 为图 6-39 中的局部情况。

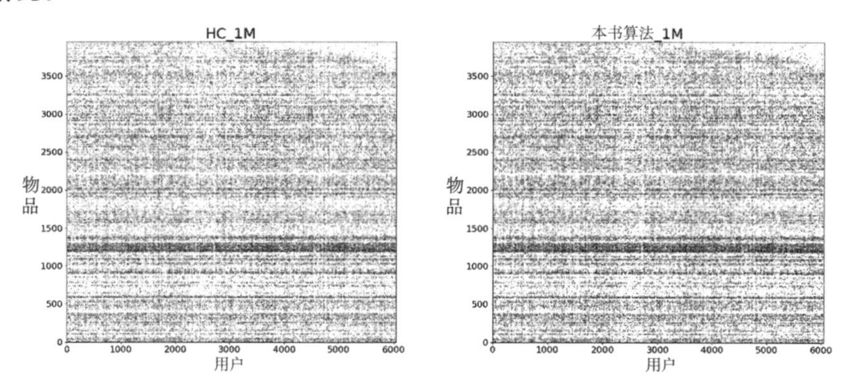

图 6-39　HC 和本书算法的推荐列表和测试集的匹配情况

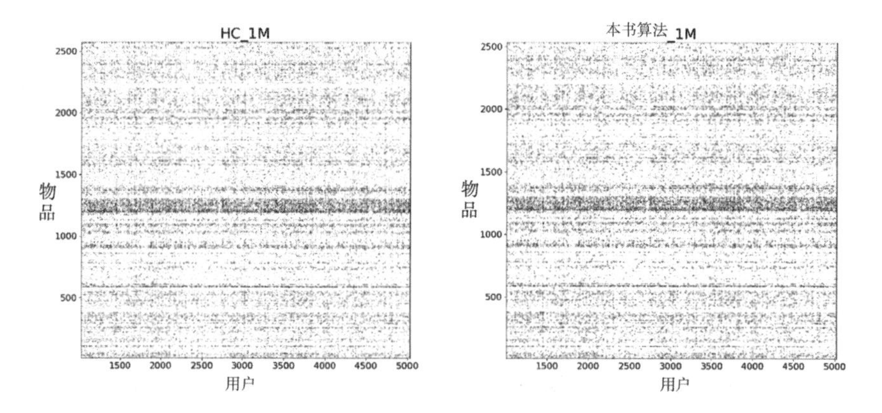

图 6-40　HC 和本书算法的推荐列表和测试集的局部匹配情况

到现在为止，从所有的散点图来看，本书的推荐列表与测试集在物品编号较大的范围内匹配程度较高，前面已经提到，编号较大的物品在原数据中的时间跨度较小且靠近时间轴的后面，而越靠后的数据其物品的度相对较小，这不是由数据划分的特点决定的，而是算法本身决定的。

3. 异常分析

根据推荐算法的相关常识，推荐算法的精度（Precision 值）和召回率（Recall 值）通常是成正比的。根据所有的散点图，在上一节的最后已经知道了本书算法产生推荐列表的特点。现在对表 6-4 中出现的异常情况进行分析，就 Precision 值来说，HC 和本书算法差别不大，但是本书算法的

Recall 值是 HC 的 Recall 值的近两倍。那么按照常识来说，在评价推荐系统的性能时，由于推荐列表的长度是由每个用户指定的，而不是由算法本身来选择的，因此，出现这样的异常是因为本书提出的基于混合策略的个性化推荐算法更加适合推荐度较小的物品。结合本文的算法设计过程以及实验数据，分析如下：

本书在使用 K-means 进行二维聚类时，如果目标用户的度和其他用户的度相差较大时，会使聚类用的两个维度值较小，因此，聚类结果会把与目标用户度相近的用户聚类到一起，把与目标用户度相差较大的用户放在其他簇，这时，Recall 值会受到用户的度的影响，如果度较大，则 Recall 值会变小；如果目标用户的度和其他用户的度相差较小，同时目标用户的度本来就较小，这时 Recall 值会受到度小的影响，因此 Recall 值会变大。通过分析可以知道，Recall 值会受到用户的度的影响。故可以定义用户度的平均跨度如公式（6-40）所示。

$$\bar{D}=\frac{D_{\max}-D_{\min}}{U_{\text{count}}} \tag{6-40}$$

其中，$D_{\max}$、$D_{\min}$ 分别表示最大用户的度和最小用户的度，U_{count} 表示用户数。在 MovieLens-100K 数据集中，$\bar{D}(100\text{K})=0.533$；在 MovieLens-1M 数据集中，$\bar{D}(1\text{M})=0.325$；因此可以看出 MovieLens-1M 数据集的用户度的平均跨度较大，说明 Recall 值受到度小的影响较大，亦即度小的用户占比更高；接下来再看 Recall 值的定义：

$$R(L)=\frac{1}{m}\sum_{i=1}^{m}\frac{d_i(L)}{D(i)}$$

在 MovieLens-1M 数据集中，由于 Recall 值受到度小的影响较大，则 $D(i)$ 较小，因此 Recall 值会变大。

4. Netflix 结果

在数据的描述部分已经提到了本书对 Netflix 数据集的特殊处理，这确实是本书存在的不足之处，因为确实没有 Netflix 的原始数据，尝试过发邮件请求数据，但都无果，导致无法直接获得其电影数据的类型。若本书自发整理其他数据，则又不具有权威性。因此，在 Netflix 数据集的结果比较中，仅把 HC 和本书的算法进行比较，且只观察其十次结果的变化情况。

从表 6-5 中可以看出，本书的算法和 HC 算法在多样性和新颖性方面的性能比较中，不仅是准确性而且在多样性方面，本书所提出的算法要比 HC 算法性能稍好一些。另外，将两算法十次的结果反映在如图 6-41 至图 6-45 中。

表 6-5　HC 和本书算法在 Netflix 上的性能表现

Netflix	AUC	MAP	Precision	Recall	Hamming	Intra-similarity	Novelty
HC	0.883	0.002	0.001	0.024	0.798	0.004	17
本书算法	0.680 1	0.003 3	0.002 4	0.036 1	0.806 0	0.003 1	74

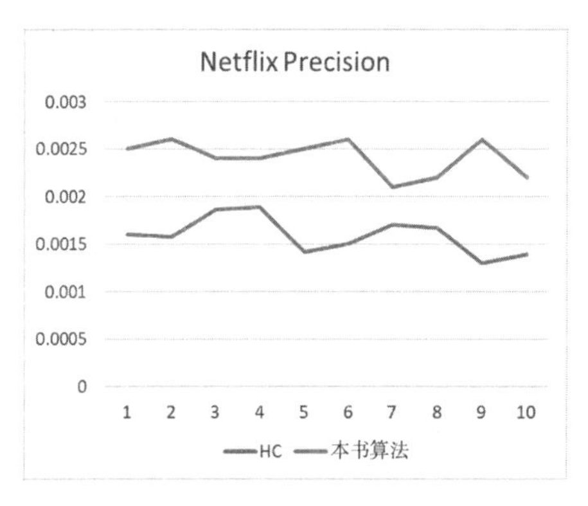

图 6-41　HC 算法和本书算法在 Precision 中的十次表现情况

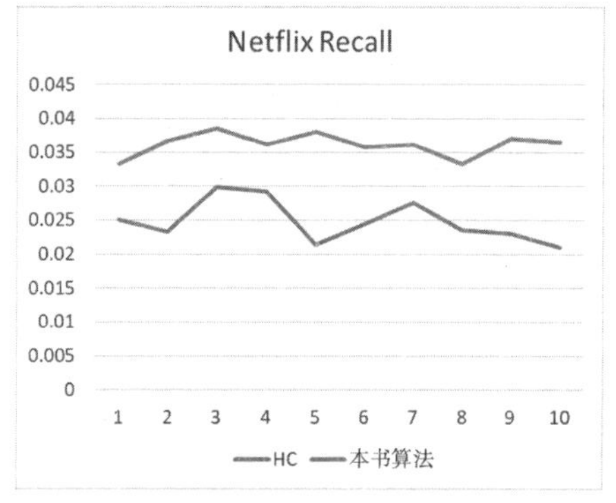

图 6-42　HC 算法和本书算法在 Recall 中的十次表现情况

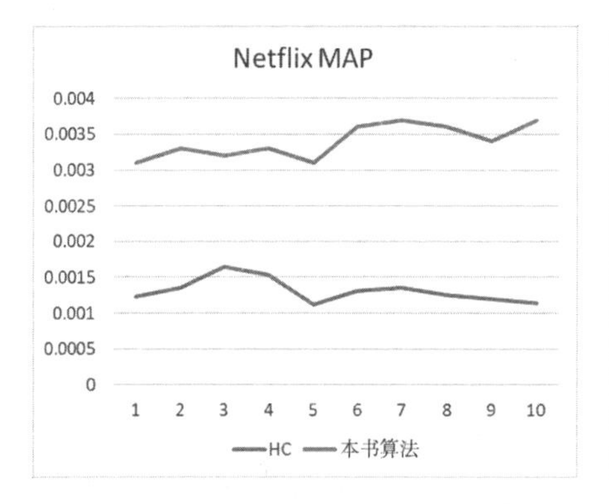

图 6-43　HC 算法和本书算法在 MAP 中的十次表现情况

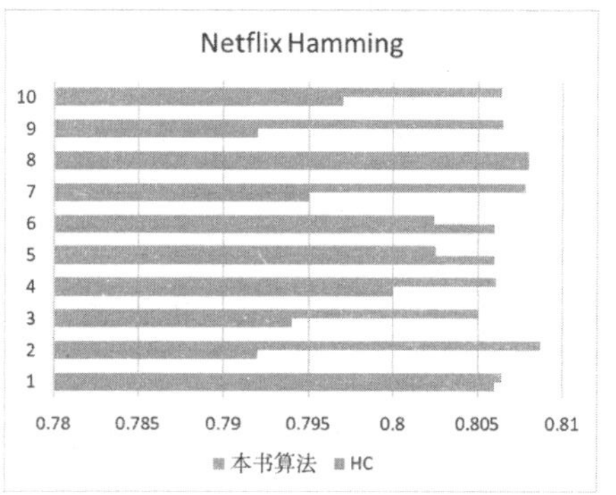

图 6-44　HC 算法和本书算法在 Hamming 中的十次表现情况

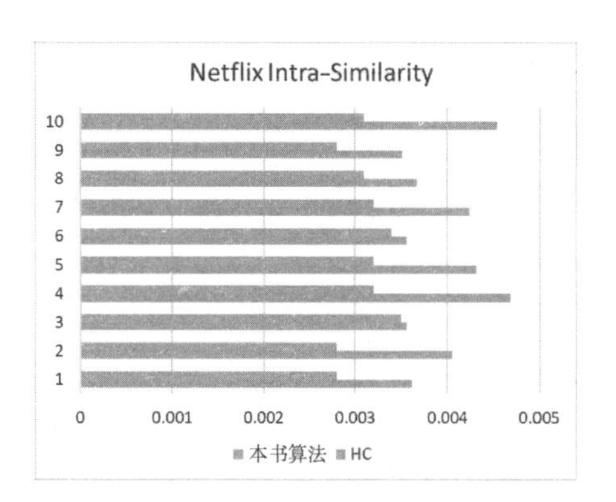

图 6-45　HC **算法和本书算法在** Intra-similarity **中的十次表现情况**

从图 6-41 至图 6-45 中可以看出，每次的变化情况，其结果与表 6-5 中保持一致。

参考文献

[1] ZHOU T, REN, J, MEDO M, et al. Bipartite network projection and personal recommendation [J]. Physical Review E-Statistical, Nonlinear, and Soft Matter Physics, 2007 (4Pt. 2): 76.

[2] ZHOU T, KUSCSIK Z, LIU J G, et al. Solving the apparent diversity-accuracy dilemma of recommender systems [J]. Proceedings of the National Academy of Sciences of the United States of America, 2010 (10): 107.

[3] GUO Q, LENG R, SHI K, et al. Heat conduction information filtering via local information of bipartite networks [J]. European Physical Journal B, 2012, 85 (8): 286.

[4] CHEN, LING, ZHANG, Z K, et al. A vertex similarity index for better personalized recommendation [J]. Physica A: Statistical Mechanics and Its Applications, 2017, 466: 607-615.

[5] CHEN G, GAO T, ZHU X, et al. Personalized recommendation based on preferential bidirectional mass diffusion [J]. Physica A: Statistical Mechanics and Its Applications, 2017, 469: 397-404.

[6] CHEN L J, GAO J. A trust-based recommendation method using network diffusion processes [J]. Physica A Statistical Mechanics & Its Applications, S037843711830517X.

[7] LIU R, HALL L O, BOWYER K W, et al. Synthetic minority image over-sampling technique: How to improve AUC for glioblastoma patient survival prediction [C] // 2017 IEEE International Conference on Systems, Man, and Cybernetics (SMC). IEEE, 2017: 1357-1362.

[8] ZHOU T, SU R, LIU R, et al. 2009. Accurate and diverse recommendations via eliminating redundantcorrelations [J]. 2009, 11 (12):

123008.

[9] RAHMAOUI O, SOUALI K, OUZZIF M. Towards a Recommended Documentation System Using Data Traceability and Machine Learning in a Big Data Environment [C] // International Conference on Advanced Intelligent Systems for Sustainable Development. Springer, 2019: 471-482.

[10] CAO Y, LONG M, LIU B, et al. Deepcauchy hashing for hamming space retrieval [C] // Proceedings of the IEEE Conference on Computer Vision and Pattern Recognition. 2018: 1229-1237.

[11] ZHOU Y, LÜ L, LIU W, et al. The power of ground user in recommendersystems [J]. PloS one, 2013, 8: e70094.

[12] ZHOU T, SU R-Q, LIU R-R, et al. Accurate and diverse recommendations via eliminating redundant correlations [J]. New Journal of Physics, 2009b, 11: 123008.

[13] RESNICK P, VARIAN H R. Recommendersystems [J]. Communications of the ACM, 1997, 40: 56-58.

[14] 王蓉，刘宇红，张荣芬. 基于混合聚类与融合用户属性特征的协同过滤推荐算法 [J]. 现代电子技术，2021，44 (06): 179-182.

[15] 郑小楠，谭钦红，马浩，等. 基于用户偏好矩阵填充的改进混合推荐算法 [J]. 计算机工程与设计，2020，41 (10): 2784-2790.

[16] 何婧，胡杰. 融合矩阵分解和 XGBoost 的个性化推荐算法 [J]. 重庆大学学报，2021，44 (01): 78-87.

[17] 文俊浩，戴大文，余俊良，等. 融合矩阵分解与距离度量学习的社会化推荐算法 [J]. 计算机科学，2018，45 (10): 196-201.

[18] 夏景明，刘聪慧. 一种基于用户和商品属性挖掘的协同过滤算法 [J]. 现代电子技术，2020，43 (23): 120-123.

[19] PAGE L, BRIN S, MOTWANI R, et al. The PageRank Citation Ranking: Bringing Order to theWeb [J]. World Wide Web Internet And Web Information Systems, 1998, 54 (1999-66): 1-17.

[20] JEH G, WIDOM J. SimRank: A measure of structural-context similarity [C] // Proceedings of the ACM SIGKDD International Confer-

ence on Knowledge Discovery and Data Mining. 2002：538-543.

[21] SUN Y，HAN J，YAN X，et al. Pathsim：Meta path-based top-k similarity search in heterogeneous information networks [J]. Proceedings of the VLDB Endowment，2011，4 (11)：992-1003.

[22] LEONG HOU U，YAO K，MAK H F. PathSimExt：Revisiting pathsim in heterogeneous information networks [C] //Lecture Notes in Computer Science (including subseries Lecture Notes in Artificial Intelligence and Lecture Notes in Bioinformatics). 2014：38-42.

[23] LAO N，COHEN W W. Fast query execution for retrieval models based on Path-Constrained Random Walks [C] //Proceedings of the ACM SIGKDD International Conference on Knowledge Discovery and Data Mining. 2010.

[24] SHI C，KONG X，YU P S，et al. Relevance search in heterogeneous networks [C] //ACM International Conference Proceeding Series. 2012：180-191.

[25] LI C，SUN J，XIONG Y，et al. An efficient drug-target interaction mining algorithm in heterogeneous biological networks [C] //Lecture Notes in Computer Science (including subseries Lecture Notes in Artificial Intelligence and Lecture Notes in Bioinformatics). 2014：65-76.

[26] 赵传，张凯涵，梁吉业. 非对称的异质信息网络推荐算法 [J]. 计算机科学与探索，2020，14 (6)：939-946.

[27] WANG C，SONG Y，LI H，et al. Distant meta-path similarities for text-based heterogeneous information networks [C] // In Proc. of CIKM，2017：1629-1638.

[28] LIU Z，ZHENG V W，ZHAO Z，et al. Semantic proximity search on heterogeneous graph by proximity embedding [C] // In Proc. of AAAI，2017.

[29] WANG C，SONG Y，LI H，et al. Unsupervised meta-path selection for text similarity measure based on heterogeneous information networks [J]. Data Mining and Knowledge Discovery，2018，32 (6)：1735-1767.

[30] YANG C, LIU M, HE F, et al. Similarity modeling on heterogeneous networks via automatic path discovery [C] / In Proc. of ECML, 2018: 37-54.

[31] FANG Y, LIN W, ZHENG V W, et al. Semantic proximity search on graphs withmetagraph-based learning [C] // In Proc. of ICDE, 2016: 277-288.

[32] 周慧，赵中英，李超. 面向异质信息网络的表示学习方法研究综述 [J]. 计算机科学与探索，2019，13 (7): 1082-1094.

[33] DONGY, CHAWLA N V, SWAMI A. Metapath2vec: Scalable representation learning for heterogeneous networks [C] //Proceedings of the ACM SIGKDD International Conference on Knowledge Discovery and Data Mining. 2017: 135-144.

[34] FU T, LEE W C, LEI Z. Hin2vec: Explore meta-paths in heterogeneous information networks for representation learning [C] // In Proc. of CIKM, 2017: 1797-1806.

[35] SHI C, HU B, ZHAO W X, et al. 2019. Heterogeneous information network embedding forrecommendation [J]. IEEE Transactions on Knowledge and Data Engineering, 2019, 31 (2): 357-370.

[36] ZHANG J, XIA C, ZHANG C, et al. BL-MNE: Emerging heterogeneous social network embedding through broad learning with aligned autoencoder [C] //Proceedings-IEEE International Conference on Data Mining, ICDM. 2017: 605-614.

[37] WANG H, ZHANG F, Hou M, et al. Shine: Signed heterogeneous information network embedding for sentiment link prediction [C] // In Proc. of WSDM, 2018: 592-600.

[38] CHEN X, YU G, WANG J, et al. ActiveHNE: Active heterogeneous network embedding [J]. arXiv, 2019.

[39] WANG X, HE X, WANG M, et al. Neural graph collaborative filtering [C] // SIGIR 2019-Proceedings of the 42nd International ACM SIGIR Conference on Research and Development in Information Retrieval, (2019): 165-174.

[40] ZHANG C, SONG D, HUANG C, et al. Heterogeneous graph neural network [C] // In Proc. of KDD, 2019: 793-803.

[41] SHI C, ZHANG Z, LUO P, et al. Semantic path based personalized recommendation on weighted heterogeneous information networks [C] //In Proc. of CIKM, 2015: 453-462.

[42] ZHAO J, WANG X, SHI C, et al. Network Schema Preserving Heterogeneous Information Network Embedding [C] // In Proc. of IJCAI, 2020.

[43] YU X, REN X, SUN Y, et al. Personalized entity recommendation: A heterogeneous information network approach [C] //Proceedings of the 7th ACM international conference on Web search and data mining. ACM, 2014: 283-292.

[44] SHI C, HU B, ZHAO W X, et al. Heterogeneous information network embedding forrecommendation [J]. IEEE Transactions on Knowledge and Data Engineering, 2019, 31 (2): 357-370.

[45] HE X, LIAO L, ZHANG H, et al. Neural collaborative filtering [C] //26th International World Wide Web Conference, WWW 2017. 2017: 173-182.

[46] RENDLE S, FREUDENTHALER C, GANTNER Z, et al. BPR: Bayesian personalized ranking from implicit feedback [C] //Proceedings of the 25th Conference on Uncertainty in Artificial Intelligence, UAI 2009. 2009: 452-461.

[47] VELICKOVI C P, CUCURULL G, CASANOVA A, et al. Graph attention networks [J]. arXiv, 2017.

[48] HU B, SHI C, ZHAO W X, et al. Leveraging meta-path based context for top-n recommendation with a neural co-attention model [C] // Proceedings of the ACM SIGKDD International Conference on Knowledge Discovery and Data Mining. 2018.

[49] WANG X, JI H, CUI P, et al. Heterogeneous graph attention network [C] //The Web Conference 2019-Proceedings of the World Wide Web Conference, WWW 2019. 2019: 2022-2032.

[50] ZHANG F, LIU Q, ZENG A. Timeliness in recommendersystems [J]. Expert Systems With Applications, Elsevier Ltd, 2017, 85: 270-278.

[51] VIDMER A, MEDO M. The essential role of time in network-based recommendation [J]. EPL (Europhysics Letters), IOP Publishing, 2016, 116 (3): 30007.

[52] CAI B, YANG X, HUANG Y, et al. A Triangular Personalized Recommendation Algorithm for Improving Diversity [J]. Discrete Dynamics in Nature and Society, Hindawi, 2018, 2018.

[53] CAI B, ZENG L, WANG Y, et al. Community Detection Method Based on Node Density, Degree Centrality, and K-Means Clustering in Complex Network [J]. Entropy, Multidisciplinary Digital Publishing Institute, 2019, 21 (12): 1145.

[54] KENNEDY J, EBERHART R. Proceedings of ICNN' 95-International Conference on Neural Networks [C]. Particle Swarm Optimization.

[55] KOHLER M, VELLASCO M M B R, TanscheitR. PSO+: A new particle swarm optimization algorithm for constrained problems [J]. Applied Soft Computing, 2019, 85: 105865.

[56] RATNAWEERA A, HALGAMUGE S K, Watson H C. Self-organizing hierarchical particle swarm optimizer with time-varying acceleration coefficients [J]. IEEE Transactions on Evolutionary Computation, 2004.

[57] WANG X, LUO F, SANG C, et al. Personalized movie recommendation system based on support vector machine and improved particle swarm optimization [C] //. IEICE Transactions on Information and Systems, 2015.

[58] YU F, ZENG A, GILLARD S, et al. Network-based recommendation algorithms: A review [J]. Physica A: Statistical Mechanics and Its Applications, 2016.

[59] BURKE R. Hybrid recommender systems: Survey and experi-

ments [J]. User Modelling and User-Adapted Interaction, 2002 (4): 12.

[60] WANG X, LUO F, SANG C, et al. Personalized movie recommendation system based on support vector machine and improved particle swarm optimization [J]. IEICE Transactions on Information and Systems, 2017.

[61] LIU J G, GUO Q, ZHANG Y C. Information filtering via weighted heat conduction algorithm. Physica A-Statistical Mechanics & Its Applications, 2011, 390 (12), 2414-2420.

[62] QIU T, WANG T T, ZHANG Z K, et al. Heterogeneity Involved Network-based Algorithm Leads to Accurate and Personalized Recommendations [J]. Computer Science, 2013.

[63] LIU J G, ZHOU T, GUO Q. Information filtering via biased heat conduction [J]. Physical Review E-Statistical, Nonlinear, and Soft Matter Physics, 2011, 390 (12).

[64] YU F, ZENG A, GILLARD S, et al. Network-based recommendation algorithms: A review [J]. Physica A: Statistical Mechanics and Its Applications, 2016.

[65] CHEN G, GAO T, ZHU X, et al. Personalized recommendation based on preferential bidirectional mass diffusion [J]. Physica A: Statistical Mechanics and Its Applications, 2017, 469, 397-404.

[66] CHEN L, ZHANG Z K, et al. A vertex similarity index for better personalized recommendation [J]. Physica A: Statistical Mechanics and Its Applications, 2017, 466, 607-615.

[67] BENGIO Y, DUCHARME R, VINCENT P, et al. A neural probabilistic languagemodel [J]. The journal of machine learning research, 2003, 3: 1137-1155.

[68] KENTER T, BORISOV A, DE RIJKE M. Siamesecbow: Optimizing word embeddings for sentence representations [J]. arXiv preprint arXiv: 1606. 04640, 2016.

[69] DU L, WANG Y, SONG G, et al. Dynamic Network Embedding: An Extended Approach for Skip-gram based Network Embedding

[C] //IJCAI. 2018: 2086-2092.

[70] KARRE K, DEVI Y R. Recommended System For Wellness Of Autistic Children Using Data Analytics and Machine Learning [C] //IOP Conference Series: Materials Science andEngineering. IOP Publishing, 2021: 012101.

[71] DARSHAN SS, JAIDHAR C. Windows malware detection system based on LSVC recommended hybrid features [J]. Journal of Computer Virology and Hacking Techniques, 2019, 15: 127-146.

[72] AN M, YANG S, WU H, et al. Recommended turbulent energy dissipation rate for biomass and lipid production of Scenedesmus obliquus in an aerated photosynthetic culture system [J]. Environmental-Science and Pollution Research, 2020, 27: 26473-26483.

[73] BANDO H. Recommended Management of Hypertensive Patients with Diabetes for Renin-Angiotensin System (RAS) Inhibitors [M]. Asploro.

[74] HURTT G C, ANDREWS A E, BOWMAN K W, et al. NASA Carbon Monitoring System Phase 2 Synthesis: Scope, Findings, Gaps, and Recommended Next Steps [C] // AGU Fall Meeting Abstracts. 2019: B33A-01.

[75] LOFGREN P, BANERJEE S, GOEL A. Personalizedpagerank estimation and search: A bidirectional approach [C] //Proceedings of the Ninth ACM International Conference on Web Search and Data Mining. 2016: 163-172.

[76] KLOUMANN I M, UGANDER J, KLEINBERG J. Block models and personalizedPageRank [J]. Proceedings of the National Academy of Sciences, 2017, 114: 33-38.

[77] BABEETHA S, MURUGANANTHAM B, KUMAR S G, et al. An enhanced kernel weighted collaborative recommended system to alleviatesparsity [J]. International Journal of Electrical and Computer Engineering, 2020, 10: 447.

[78] VAGALE V, NIEDRITE L, IGNATJEVA S. Application of

the Recommended Learning Path in the Personalized Adaptive E-learning-System [J]. Baltic Journal of Modern Computing，2020，8：618-637.

[79] JIANG W，WANG X，XING Y，et al. Enhancing Rice Production by Potassium Management：Recommended reasonable fertilization strategies in different inherent soil productivity levels for a sustainable rice productionsystem [J]. Sustainability，2019，11：6522.

[80] MCLACHLAN G，DO K A AMBROISE C. Analyzing Microarray Gene Expression Data [M]. John Wiley & Sons.

[81] LIU J G，SHI K，GUO Q. Solving the accuracy-diversity dilemma via directed randomwalks [J]. Phys. Rev. E 85 (1)，016118.

[82] CHOI K，SUH Y. A new similarity function for selecting neighbors for each target item in collaborativefiltering [J]. Knowl. Based Syst. 2013，37，146-153.

[83] HANLEY J A，MCNEIL B J. The meaning and use of the area under a receiver operating characteristic (ROC) curve [J]. Radiology，1982，143 (1)：29-36.

[84] 吕琳媛，周涛. 链路预测 [M]. 高等教育出版社，2013.

[85] LIU T Y，XU J，Qin T，et al. Benchmark dataset for research on learning to rank for information retrieval [J]. Proceedings of SIGIR2007 Workshop on Learning to Rank for Information Retrieval，LR4IR' 07，ACM，Amsterdam，The Netherlands，2007：3-10.

[86] HERLOCKER J L，KONSTAN J A，Terveen L G，et al. Evaluating collaboration filtering recommender systems [J]. ACM Trans. Inf. Syst. 2004，22 (1)：5-53.

[87] ZHOU T，JIANG L L，SU R Q，et al. Effect of initial configuration on network-based recommendation [J]. Europhys. Lett. 81 (5)：58004.

[88] CHEN W，HSU W，LEE M L. Making recommendations from multipledomains [J]. in：Proceedings of the 19th ACM SIGKDD International Conference on Knowledge Discovery and Data Mining，KDD' 13，ACM，Chicago，Illinois，USA，2013：892-900.

［89］ MCNEE S M，RIEDL J，KONSTAN J A. Being accurate is not enough：how accuracy metrics have hurt recommender systems ［J］. in：CHI’ 06 Extended Abstracts on Human Factors in Computing Systems，2016：1097-1101.

［90］ ZHANG M，HURLEY N. Avoiding monotony：improving the diversity of recommendationlists ［J］. in：Proceedings of the 2008 ACM Conference on Recommender Systems，ACM，2008：123-130.